改变世界的航天计划丛书

# 星际漫游：太空探索行动

刘进军 著

陕西新华出版传媒集团

未 来 出 版 社

图书在版编目（CIP）数据

星际漫游：太空探索行动 / 刘进军著. -- 西安：
未来出版社, 2020.10（2021.03 重印）
（改变世界的航天计划丛书）
ISBN 978-7-5417-7023-4

Ⅰ.①星… Ⅱ.①刘… Ⅲ.①空间探索－普及读物
Ⅳ.①V11-49

中国版本图书馆 CIP 数据核字（2020）第 138724 号

改变世界的航天计划丛书
GAIBIAN SHIJIE DE HANGTIAN JIHUA CONGSHU

# 星际漫游：太空探索行动
XINGJI MANYOU: TAIKONG TANSUO XINGDONG

| | | |
|---|---|---|
| 策划统筹 | 王小莉 | |
| 责任编辑 | 陈丹盈 | |
| 出版发行 | 陕西新华出版传媒集团　未来出版社 | |
| 地　　址 | 西安市雁塔区登高路 1388 号　邮编　710061 | |
| 电　　话 | 029-89120506 | |
| 开　　本 | 720 mm×1020 mm　1/16 | |
| 印　　张 | 12 | |
| 字　　数 | 196 千字 | |
| 印　　刷 | 陕西安康天宝实业有限公司 | |
| 版　　次 | 2020 年 10 月第 1 版 | |
| 印　　次 | 2021 年 3 月第 2 次印刷 | |
| 书　　号 | ISBN 978-7-5417-7023-4 | |
| 定　　价 | 38.00 元 | |

目录

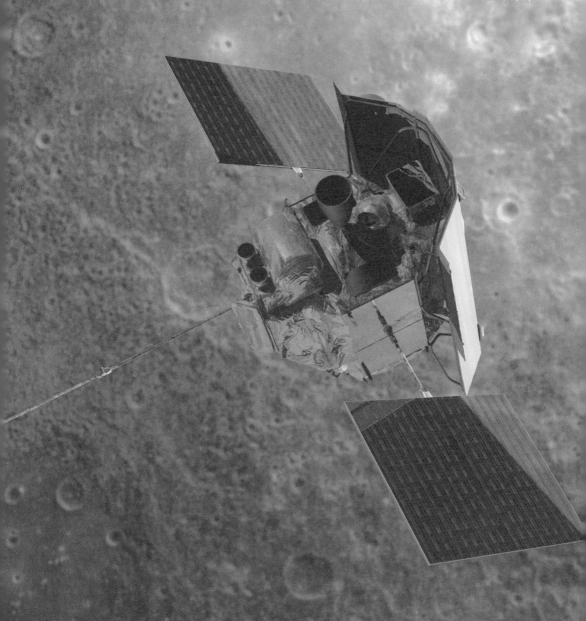

它冷酷又心狠手辣，吞掉了自己的众多"孩子"，成为疯狂又可怕的星球，怪异又神秘的星球，可怜又诱人的陌生星球。它就是号称宇宙古战场的行星——水星。现在，请踏着轻盈的脚步，进行一次雄壮、惊险和梦幻的探险——星际漫游！

#  1.1 冷酷的心

危险近在眼前！

危机无处不在！

大约 39 亿年前，太阳刚刚诞生 6 亿年。

在太阳附近环绕着近百颗大大小小的行星，以及无数颗微小行星。

这些行星才刚刚形成，红彤彤、热乎乎的。它们只有一层薄薄的外壳，看起来像软蛋一样。由于环绕太阳运行时，引力大小、姿势路径、快慢速度各不一样，这些行星经常互相碰撞。

砰砰砰，哐哐哐……行星碰撞经久不息。许多小行星与小行星碰撞，变成了大行星；许多小行星撞入了大行星，再也出不来，直接被大行星吞掉了；也有许多小行星撞击大行星，将大行星撞掉了一大块，大行星又变成了小行星，小行星变成了更小的碎片。

一天，一颗大行星正在赶路。突然，一颗直径 100 千米的小行星受到另一颗小行星的撞击，改变了路线，朝着这颗大行星飞驰而来。说时迟那时快，"嘭——"两颗行星猛烈撞击。小行星身单力薄，被撞得碎成无数碎片和粉尘，飞向四面八方。而这颗大行星则被撞得后退了一大步，晕头转向。它那层娇嫩的外壳大部分已经被撞掉了，变成碎片，破了相的内脏和身体已经完全暴露在太空中，到处流淌着红色的熔岩，非常惨烈。

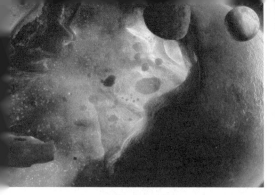

行星大碰撞

水星诞生了

那个时候的太阳系，行星们天天上演弱肉强食的战争。这颗大行星只能舔舐伤口，努力疗伤，它战胜了撞击、粉碎和吞噬，在激烈的战争中幸存了下来。然后它一路发飙，吞掉了很多小行星，最后变成了太阳系八大行星之一——水星。

水星诞生了。

水星，是一颗灰褐色的星球，是太阳系八大行星中距离太阳最近，也是最小的行星。

水星的近日点约有 4 600 万千米，远日点约 6 981 万千米，平均距离约 5 791 万千米。它是距离太阳最近的行星。它的最大直径 4 878 千米，是太阳系中最小的行星，只比月球稍大一点。水星与地球的最近距离约为 7 700 万千米，最远距离约为 2.22 亿千米。

## 近日点与远日点

行星环绕太阳公转的轨道是一个椭圆形轨道。由于行星运行在椭圆形轨道上，所以行星有时与太阳近一点，有时远一点。行星或彗星运行轨道最接近太阳的地方称为近日点。行星或彗星运行轨道最远离太阳的地方称为远日点。

1 月份，地球的北半球距离太阳约 1.52 亿千米，处于远日点；7 月份，地球的北半球距离太阳约 1.47 亿千米，处于近日点。

当卫星等航天器环绕地球飞行，离地球最近距离时称为近地点，离地球最远距离时称为远地点。当太空探测器环绕各种天体飞行时，离该天体最近距离时称为近拱点，离该天体最远距离时称为远拱点。

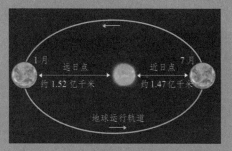

地球的近日点与远日点

## 半长轴

长轴是指行星最长公转轨道的直径，短轴是指行星最短公转轨道的直径，半长轴是指椭圆长轴的一半长，也就是行星最长公转轨道直径的一半。

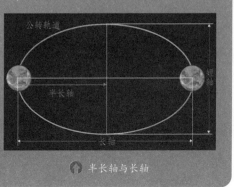

半长轴与长轴

水星没有大气笼罩，它的上空天空一片漆黑，太阳一旦照射过来，就明亮耀眼。它与月球一样，很早以前曾遭到过猛烈撞击。近距离观察水星，就会发现它的表面也与月球一样，布满了陨石坑，看上去伤痕累累，惨不忍睹，仿佛进入到30多亿年前的古老战场。

水星总是靠近地球的地平线，因此科学家可以在地球上看到它上面的陨石坑。这些陨石坑导致水星表面坑坑洼洼，从外观看类似月球表面。在这个死寂沉沉的星球上，每一块石头，每一个陨石坑都有可能在向我们讲述着30多亿年前的悲惨景象。科学家们对陨石坑数量的统计，是了解水星的第一个挑战。

水星表面大部分地方已经封存了几十亿年，几乎没有变化。它的地质已经有30多亿年不活跃了，其中蕴藏着太阳系形成早期的关键线索和宝贵"化石"。科学家认为：原来水星应该有一层外壳，也许遭受小行星或彗星撞击，外壳被撞击脱落了，只剩下了坚硬的内核。

水星，一个温柔的名字

水星，很可怜。它从没有享受过一滴雨和一丝风的礼遇。水星也很孤独，它是太阳系八大行星中唯一没有卫星的行星。科学家认为：很久以前，水星应该至少拥有一颗卫星，但它无意中可能将这颗卫星"吃"掉了。

水星是一颗疯狂的星球。

1962 年以前，人们一直认为：水星的"日"和"年"一样长。这已经够怪异了！1973 年 11 月 3 日，美国发射了"水手-10"号探测器，发现了更怪异的事情。

水星环绕太阳运行，却走了一条长长的椭圆形轨道。它的轨道速度极快，每秒约 48 千米。如果按这个速度，15 分钟就能环绕地球一周。水星的公转周期约为 88 个地球日。它是太阳系中公转速度最快、用时最短的行星，号称太阳系的快跑冠军。

水星躲在左上角的地方，与兄弟们共舞

水星的性格很懒散，总是慢慢地晃悠。它的自转周期极慢，大约 58.65 个地球日才能自转一周。它自转 3 圈才能环绕太阳公转 2 圈。水星是太阳系自转最慢的冠军，它上面的一天比地球长得多，相当于地球上的近 2 个月。

在太阳系的行星中，水星"日"的时间最长，"年"的时间最短。所以在水星上过一年只能勉强看到 2 次日出和 2 次日落。可能由于水星的缓慢自转和高度椭圆的轨道，奇迹出现了，早晨太阳升起时，太阳在向西穿过天空之前似乎会短暂地升起、落下，并再次升起。在日落时，太阳似乎要落山了，一会儿又升起，一会儿又落山了。

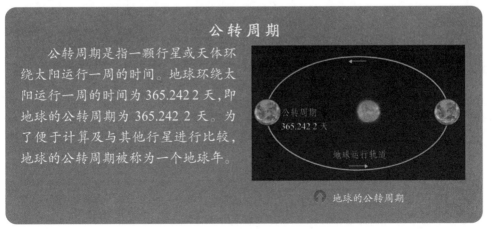

## 公转周期

公转周期是指一颗行星或天体环绕太阳运行一周的时间。地球环绕太阳运行一周的时间为 365.242 2 天，即地球的公转周期为 365.242 2 天。为了便于计算及与其他行星进行比较，地球的公转周期被称为一个地球年。

公转周期 365.242 2 天

地球运行轨道

地球的公转周期

## 自转周期

自转周期是指一颗行星或天体自转一周的时间。地球自转一周的时间为 23.934 4 小时，约 86 164 秒，即地球的自转周期约为 24 小时。为了便于计算及与其他行星进行比较，地球自转周期的 1 天，被称为一个地球日。

⬆ 地球的自转周期

## 轨道速度

轨道速度是指一颗行星或天体沿引力中心的公转轨道运行的速度。地球环绕太阳的公转速度约为每秒 30 千米，即地球的轨道速度约为每秒 30 千米。

⬆ 地球的轨道速度约每秒 30 千米

大气层是各种气体在行星上空形成的保护层。各大行星的大气层结构、成分、密度、厚度和压力都不同。地球的大气层很厚，空气很浓，生物才能在地球上生存。

大气层一方面将地球里的空气和热量都包裹在地球之内，不让其逃向太空。另一方面用自身的臭氧层，阻挡太阳的大部分紫外线，使地球生物免受暴晒和伤害。

如果没有大气层，空气和热量就会逃出地球，飞向太空。这时，地球的气压就会降到零，地球上所有生物几乎都会死。如果没有大气层，陨石、彗星、太空碎片、太空尘埃和卫星碎片等就会从天而降，直接撞击地面。

这里每一天，太阳和水星都在表演着最精彩的魔术。

水星是一颗恐怖的星球。

水星一点也不像它的名字那样柔情似水。

"哈哈哈，水星上有一层极稀薄的

大气层。"科学家用先进的仪器发现了水星的大气层。在水星大气层中，氦气含量42%，钠气29%，氢气22%，氧气6%等。由于其大气层非常稀薄，所以水星的表面昼夜温差很大，

水星距离太阳有时太远，有时太近，又没有浓厚的大气层，所以当水星接近太阳时，烈日暴晒，温度高达430℃，锌也能融化了。而当水星远离太阳时，夜晚阴冷，温度低到-173℃，钢铁都要冻裂了。

有科学家曾描述道：水星很恐怖，冰火两重天。它是太阳系中温差最大的行星。由于自转很慢，水星的东半球和西半球，都会1个月白天，1个月黑夜。另外，水星的极轴很直，在南北极地区永远看不见天日，那儿的温度甚至低至-210℃。

水星，冰火两重天

水星，一颗死气沉沉的星球

水星是一颗怪异的星球。

以前，科学家曾认为：水星的外貌如月球，内部很像地球。水星应该与地球一样，内部分为地壳、地幔、内核。

直到"水手-10"号探测器发现了一个秘密。水星的内部结构分为4层：地壳、地幔、外核、内核。水星的地壳非常薄，厚度在30~100千米，一不小心就破了；地幔非常薄，大约只有400千米；外核厚度大约530~1 030千米，都是熔化的铁水。

水星的深处隐藏着一颗铁质内核，直径大约1 000~1 500千米。水星内核比月球还大，主要由铁质和石质构成。内核占据了水星重量的60%。这大约是地球内核重量的2倍。这就是说，八大行星中，水星最小，但内核最重。水星大约含铁2万亿亿吨。这是个令人吃惊的数字。按全球钢铁的年产量约8亿

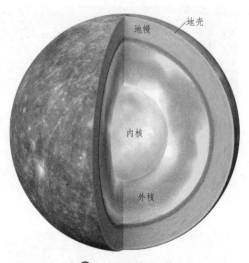

水星的内部结构

吨计算，人类可以开采 2 400 亿年。

为什么这么小的星球，却有这么大、这么重的内核呢？科学家们猜测：水星曾发生过重大撞击，撞掉了大部分外壳。现在看到的水星，只是那颗巨大行星的残骸，所以很重。内核应该在很久以前就已经变凉了，只剩下一颗"冷酷的心"。由于水星含铁量巨大又被誉为"铁石心肠"的行星。

"水手-10"号让水星之谜更加令人费解。它发现水星是太阳系中最小，但密度较高的行星。水星的重量为地球重量的 5.58%，平均密度为每立方厘米 5.427 克，略低于地球的平均密度，是太阳系八大行星中密度第二高的行星，仅次于地球。科学家感到好奇，八大行星中，它最小，但却高密度。这可能吗？

 # 1.2 铁石心肠

水星是一颗神秘的星球。

水星看上去慵懒倦怠，没有生气，但内心深处却非常活跃。虽然从肉眼看不见水星的活动，但它仍然活着，一直在演化。

以前，科学家都猜想：水星没有磁场。从理论上来说，行星只有快速旋转和核心拥有熔融时，才会产生磁场。水星自转一周需要大约 59 天，并且它是如此小，大约仅是地球体积的三分之一。科学家得出结论，水星自转慢、体积小。

"水手-10"号出乎意料地发现水星拥有磁场！水星磁场很弱，大约是地球磁场的 1%。为什么水星有磁场？它的内核是个大铁块，按理不应该有磁场。奇怪！水星的"心脏"已经死了，却还会发出"心电图"。

水星的磁场很难解释，完全颠覆了行星学的原理。科学家猜测：如果水星有磁场的话，它的外核应该是液体熔融和流动的。因此只能推测这是水星内部活动产生的磁场。在太阳系中，只有地球和水星拥有磁场。

水星也像地球一样，饱受着太阳暴躁"脾气"的侵扰。太阳风、太阳耀斑等太阳活动歇斯底里地发作，造成严重的电磁干扰。太阳风猛烈冲击着水星稀薄的大气层，而这唯一的好处便是捕捉了氢和氦，帮助水星形成了稀薄的大气层。

水星是一颗可怜的星球。

水星如同宇宙战争过后，留下的一片古老战场、荒寂墓地。它真的像看上去那样死寂沉沉吗？如果小心地穿越水星，你就会发现水星有很多火山口遗迹。这些遗迹构造基本相同，都有凸起的圆形边缘，这些火山口不规则的形状令人兴奋。

当年，"水手-10"号就发现：水星曾经是一个火山遍地、"开肠破肚"的星球。那个时候，水星上经常发生火山爆发，不仅有熔岩流动，还有像

水星一直在演化

水星早期的模样：火山爆发

地质活动改变了水星

熔岩喷泉一样的壮观景象。那些火红的熔岩翻腾流淌，照亮了天际。

根据水星岩石化学成分分析，大约 40 亿年前，这颗星球朝气蓬勃、活力四射。它可能拥有一片巨大的岩浆海洋，地质活动非常活跃。当遭遇撞击后，水星从一颗年轻的星球，变成了一具"僵尸"，命运和模样完全改变了。

毫无疑问，水星曾是一颗"大火球"。现在，水星如同一具木乃伊，几乎没有火山。那些雄伟壮观的火山口都消失了，淹没在遥远的时光中，它们变成了一个个凸起的小山包，甚至成为平原。

水星又是一颗迷人的星球。

水星上的陡峭悬崖

水星的地貌十分丰富，分布着高山、高地、平原、盆地、洼地、峡谷、陡峭悬崖、火山口，以及星罗棋布的陨石坑。水星上可以看到绵延数百千米的陡峭悬崖，这里非常苍老、悲凉和寂静，寂静到令人毛骨悚然。

当年，"水手-10"号发现水星陨石坑的内部存在冰。由于陨石坑的内部太暗，"水手-10"号无法拍照，因此，这些照片都无法显示陨石坑内存在冰。

水星靠近太阳的一面有冰吗？水星到底有没有水和冰呢？水与冰相比，冰的反射率更高。当雷达反射亮光时，就说明有冰。科学家在地球上用雷达扫描水星发现，在水星的极地陨石坑底部出现了不寻常的亮光。

科学家认为：在永远见不到阳光照射的黑暗的陨石坑深处，可能存在冰。在水星上的永远阴暗处——极地陨石坑底部寻找氢，也能发现冰。如果能发现氢，就说明这个像地狱一样的星球里存在冰。水星的白天温度最高可达 430℃。在这种环境下，水星存在冰非常令人震惊。

水星，还是一颗陌生的星球。

尽管古代人知道水星的存在，但对它的模样、性格和特点仍然一无所知。1974 年，美国宇航局发射的"水手-10"号水星探测器首次发回了水星的图像。照片先传送到雷达跟踪站，再传送到加利福尼亚州的美国宇航局喷气推进实验室。

由于水星自转很慢，环绕太阳的轨道为椭圆形。"水手–10"号3次飞越水星，看到的都是水星的同一个半球。它只看到水星的45%，而且照片不清晰。30多年来，这些模糊的照片，隐藏着解答水星谜题的最大线索——水星正在缩小。水星不像地球一样拥有板块运动。水星的外壳承受着巨大压力，导致水星缩小，简直令人难以置信！

太阳系的天体，每一颗都与另一颗看起来非常不一样。一般来说，探测得越多，科学家的见解和观点越统一，可是水星却相反，探测得越多，科学家的意见越不统一。

科学家又发现，在地球、水星和金星轨道内，活跃着一群小行星，大量碎片和尘埃。这些尘埃是由大约46亿年前太阳系形成过程中的碎片组成的。而这些碎片是来自小行星碰撞或炽热的彗星。尘埃散布在整个太阳系，这些尘埃聚集在地球、水星和金星轨道上，形成尘埃环。地球上的望远镜就可以看到这些奇异的尘埃环。

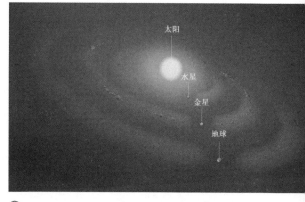

⬆ 在水星、金星和地球附近发现的新的太空尘埃环

水星，号称陌生的星球。它的内部是什么样？另一面又是什么样子？水星的体积在缩小吗？水星轨道内是否有一群小行星隐藏在炫目的阳光之中？水星的大气来自哪里？……人们几乎对这颗行星的一大半一无所知。

## 水星主要数据

| | | |
|---|---|---|
| 轨道特性 | 远日点 | 约6 981万千米，大约0.466 651天文单位 |
| | 近日点 | 约4 600万千米，大约0.307 491天文单位 |
| | 半长轴 | 约5 791万千米，大约0.387 104天文单位 |
| | 偏心率 | 0.205 |
| | 公转周期 | 约88个地球日 |
| | 自转周期 | 约58.65个地球日 |

| 轨道特性 | 轨道速度 | 约 48 千米/秒 |
|---|---|---|
| | 卫星 | 无 |
| 物理特性 | 平均半径 | 2 439.7 千米,相当于 0.382 9 个地球平均半径 |
| | 面积 | $7.48 \times 10^7$ 平方千米,相当于 0.147 个地球面积 |
| | 体积 | $6.083 \times 10^{10}$ 立方千米,相当于 0.056 个地球体积 |
| | 质量 | $3.3022 \times 10^{23}$ 千克,相当于 0.055 个地球质量 |
| | 平均密度 | 5.427 克/立方厘米 |
| | 逃逸速度 | 4.25 千米/秒 |
| | 赤道旋转速度 | 10.892 千米/小时,大约 3.026 米/秒 |
| | 表面温度 | 最高 430℃,最低 −173℃ |
| | 倾角 | 2.11° |
| 大气成分 | 氦 | 42% |
| | 钠 | 29% |
| | 氢 | 22% |
| | 氧 | 6% |
| | 钾 | 0.5% |
| | 其他 | 氩、氮、二氧化碳、水蒸气、氙、氪和氖 |

⬆ 水星的谜底在哪儿

# 1.3 为水星体检

你还记得吗？太空探测器已经很久没有探测水星了。

"水手-10"号给科学家留下了很多谜团：水星背面是什么样？远古时代，水星曾发生过碰撞吗？为了看看水星的真面目，美国宇航局、卡内基研究所和约翰·霍普金斯大学应用物理实验室研制了一颗探测器——"信使"号。

"信使"号水星探测器很奇特，它的真名为"水星表面、太空环境、化学和测距探测器"，英文缩写后恰好是罗马神话中的"信使"。

"信使"号水星探测器的长相和结构很奇特，好像一个戴着方形凉帽、挂着拐棍的年轻小伙子。它的重量 1 108 千克，其中燃料近 600 千克，主体高 1.85 米，宽 1.42 米，长 1.27 米。它安装了 1 台主推进器，16 台联氨推进剂推进器，用于较小的姿态控制，4 个石墨纤维推进剂箱，以及遮阳伞、天线等。

太阳能帆板大约宽 1.5 米，长 1.65 米，能将 28% 的太阳光转化为电能。每块太阳能帆板有 2 排小镜子，小镜子反射太阳的能量，让太阳能帆板保持凉爽。11 个镍氢电池，提供功率 450 瓦的电力。

为了避免被太阳烤焦，科学家专门为"信使"号设计了一把遮阳伞，长 2.5 米，宽 2 米。遮阳伞用陶瓷材料制作，可以抵抗 600℃的高温暴晒。这样，"信使"号就没有必要配备耐高温的电子仪器。"信使"号一直躲在遮阳伞下，顶着太阳前进。

"信使"号的"大脑"是一台小电脑。各重要系统都有备用系统，一旦一个系统瘫痪，另一个系统可以接过它的任务。天线不是展开式，而是采用固定式，背向太阳。这样，天线不会受到太阳辐射干扰通信，不必担心与地球飞控人员失去联系。

"信使"号装载了7种先进科学仪器：广角和窄角镜头摄像机拍摄精彩的立体和特写图像；伽马射线和中子能谱仪测定水星的化学成分；磁强计测量水星的磁层；激光测高计测量水星地形高度；大气与表面光谱仪分析水星的大气成分；高能粒子和等离子体光谱仪研究大气中带电粒子的分布和性质；X射线光谱仪分析太阳辐射的X射线和化学成分。

2004年8月3日，美国佛罗里达州卡纳维拉尔角空军基地十分热闹。

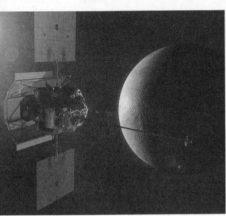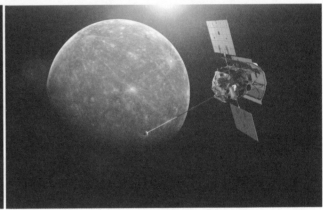

"信使"号为水星体检

在这一天"信使"号即将开始进行一次死不回头的探险飞行。美国宇航局既兴奋又悲伤地说："小宝贝，希望你旗开得胜，马到成功！来生再见！"

突然，"德尔塔-2"火箭的底部火光一闪，顿时喷射出猛烈的火焰。明亮的火焰照亮了洒满月光的夜空，辉映在大西洋上。"信使"号没有一丝眷恋，朝着东南方向飞奔而去，瞬间消失在夜空里，只留下了一道美丽的弧线。

"信使"号探测器升空了。它开始了六年半、飞行约79亿千米的科学远征，克服了引力和酷热，最终进入水星轨道。

水星和地球都源于太阳的变化。太阳既是热量的来源，也是引力的来源。为了避开太阳的影响，"信使"号选择了一条曲折复杂的航线，利用引力弹弓的力量前进。它要1次飞越地球，2次飞掠金星，3次飞越水星，最终在2011年3月到达水星轨道。

2008年1月14日，"信使"号首次飞越水星，这是人类探测器时隔30多年后再次飞掠水星。若要飞越水星轨道，并非易事。因为它离太阳太近了，太

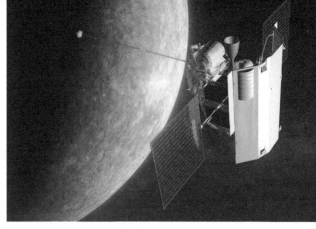

"信使"号首次飞越水星

阳的引力和水星的引力都很大，而且变化无常，一不小心就会坠入水星，或者偏离轨道。

飞控中心问道："小宝贝，别来无恙？""我很好！"在飞掠水星过程中，"信使"号完成了一系列任务，包括对水星表面进行测绘、测量水星稀薄的大气层、对水星周围的离子进行取样等。这次"信使"号第一次近距离拍摄到了水星全貌，包括水星的背面。

2011年3月18日，"信使"号将进入水星轨道，开始环绕水星运行。

上午12时45分，"信使"号的4台推进器释放氦气，获得了每秒0.45米，每小时约1.6千米的速度。它花了大约15分钟，近乎完美地进入环绕水星运行的圆形轨道，环绕水星飞行一年。它距离水星的远拱点15 193千米，近拱点最近只有200千米，每12小时围绕水星一圈。

飞控中心提醒道："这是一个极限高度。如果再低一点，你就可能会被水星引力吸引而坠落。""我知道了！我一定注意高度，不会变成烤鸭的！"

"信使"号面临着巨大考验。水星距离太阳5000多万千米，仅相当于日地距离的三分之一，强烈的太阳辐射令这里的环境无比恶劣。太阳的光线随着轨道高度降低，水星表面反光产生的热量也越来越高。水星表面光秃秃的，像镜子一样把大约70%的太阳光能量反射回太空。

当水星离太阳最近时，"信使"号遮阳伞上部的温度将达到370℃。而遮阳伞的下面，内部温度只有大约20℃。厚厚的遮阳伞和防护层保护着"信使"号的各种精密仪器能够在正常室温下工作。

"信使"号的5个太阳传感器支持恒星跟踪器，不断测量"信使"号与太阳的夹角。如果检测到太阳正"移动"出指定的安全区域，它就会启动自动调整角度，避免自己被晒坏。

"信使"号的使命重大。它执行为期一个地球年的探测任务，更近地探测、观察水星，揭开这颗最神秘行星的谜底。

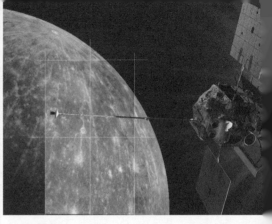

⊕ "信使"号是第一颗环绕水星运行的探测器　　⊕ "信使"号首次飞越水星进行探测

 # 1.4 "信使"来信

　　早在 20 世纪 70 年代，"水手-10"号就在水星上探测到磁场。

　　"信使"号探测后发现：水星晶莹剔透，闪闪发光，更像镶满宝石的艺术品。水星的磁场较小，强度约为地球磁场的 1%。由于磁场通常是由行星核心中的熔融材料循环产生的，因此水星的磁场本应该强得多。

　　另外，水星的磁场不对称，它的南半球磁场比北半球强得多，非常奇怪。水星磁场的起源和它的不对称性原因至今科学家也不太清楚。

　　科学家曾认为：在水星重量中 60% 都是铁。这次，"信使"号却发现，水星表面矿物中铁的含量和分布相对较稀少，而且地壳和地幔中很可能也一样。这可能与太阳系内的其他行星不同。水星的铁可能都集中到核心里面去了。为什么水星表面的铁含量和分布较少？这还需等待"信使"号的进一步探索。

　　水星的核心至少占整个水星重量的 40%。按照行星学的理论认为，如果一颗行星产生磁场，必须具备两个条件：核心是液体的，而且是流动的。"信使"号飞掠水星时发现：水星的核心分为内核和外核。水星的内核是固体，外核是液态，地幔也是半熔化状态。那么水星的磁场可能来自水星的外核。

　　科学家十分感兴趣地认为：水星核心的冷却收缩，为磁场提供了动力。水星磁场是内部、表面、外层大气和磁气圈之间相互作用的结果。

水星是一颗让我们充满很多疑问而且至今都无法得到解答的星球。科学家希望通过"信使"号探索水星，能进一步了解这颗神秘的行星。

"信使"号要回答科学家 6 个问题：水星的密度是多少？水星的地质历史怎么样？水星的磁场到底多大？水星核心的结构什么样？水星上是否有冰？水星稀薄的大气来自哪里？

"信使"号一进入水星轨道，就奋勇向前拍摄了高清照片，绘制了水星的全球地图。它不仅要了解水星的表面，还要探索分析水星的化学组成，了解水星是怎样形成的。在水星古老的表面上，还隐藏着多少秘密呢？

水星的正面

水星的反面

太阳耀眼的光芒照得摄像机睁不开眼，猛烈的阳光晒得"信使"号浑身发烫。飞控中心非常担心："小宝贝，悠着点！来日方长！""信使"号却传回了许多引人深思的线索："我看见了数不清的自然奇观，以及炫目的光线表演。"它 3 次飞越水星后，绘制出了水星 95% 的全球地图。"信使"号从水星 200 千米的高空拍摄照片，获得了目前最清晰的照片。

"信使"号发现水星荒凉的景象与月球很相似。它的表面有多种地形，非常丰富：高山、平原、盆地、悬崖、断层、火山口等，特别是水星表面覆盖的无数弹坑一样的圆圆的陨石坑，比月球的还多还大。奇异多变的地形说明了什么呢？千疮百孔的陨石坑又说明了什么呢？似乎在遥远的过去，水星曾经历过

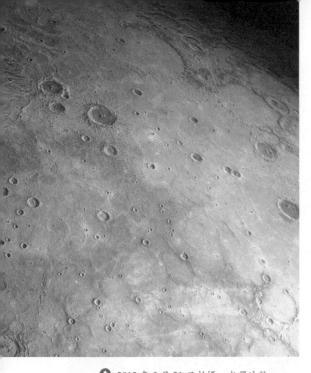

2012 年 3 月 21 日拍摄，水星地貌

一次强烈的核战争。科学家认为水星和月球一样，在形成不久之后就形成地壳，然后受到了无数陨石激烈的撞击，形成了一个个大大小小的陨石坑。

通过"信使"号的观测，人类对水星的认识大大提升，了解到了它的过去、现在，并推测出它的将来。

2009 年 9 月 29 日，"信使"号第 3 次飞越水星，高度 16 200 千米。

在水星北部，它用窄角摄像机抓拍到了一张照片。这张照片显示了水星表面被火山熔岩淹没的大片区域。

在这张照片中，可以看到火山口几乎被熔岩填满，只留下环形边缘的痕迹。

原来，科学家认为，水星早就变凉了，水星表面没有什么火山活动。现在，"信使"号拍摄的照片显示：水星表面这一区域到处是平滑的平原。这些平原都是火山熔岩造成的，是火山碎屑喷发的证据。

火山爆发时，熔岩爆裂流淌，远处都是熔岩碎屑，最远处会留下极多小玻璃珠。广阔的熔岩平原证明：过去，水星确实有火山活动。科学家高兴地认为：水星曾经是一颗充满活力的行星。

"这是什么？为什么会这样？" 2013 年 3 月，科学家们观察到水星上奇特的岩石。它们的化学成分差异很大。美国麻省理工学院科学家分析了水星表面的岩石化学成分，都是各种岩浆的成分。他们提出一个惊人的猜测：45 亿年前，水星表面可能曾经拥有一个巨大的岩浆海洋。

科学家大致重现了水星在过去数十亿年间的地质历史。在 45 亿年前，这颗行星刚刚形成不久。火红的岩浆

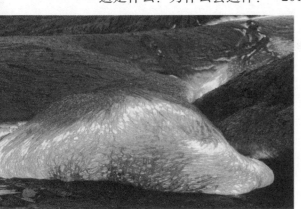

水星早期模样的想象图

源源不断地从地下喷涌而出，四处奔腾流淌，水星变成一个巨大的岩浆海洋。随着时间的推移，这个岩浆海洋逐渐冷却，形成不同成分的结晶。10 亿年前，大规模火山爆发了，将大量熔浆抛射至水星地表，岩浆海洋后来又再次发生了熔融。这个遗迹至今仍在。

"信使"号执行了 10 年任务，环绕水星轨道运行了 3 年多。它环绕水星飞行了 4 104 圈。在最后一年，"信使"号冒险超低空飞行，最近距离水星不到 104 千米。它拍摄了 28 万多张照片，绘制了一幅水星的立体图，传送了 400 多万次水星表面测量数据。"信使"号不断改写着我们的教科书，不断扩展着人类知识的边疆。

2015 年 1 月 21 日，"信使"号进行了最后一次轨道调整，耗光了最后一点点燃料，开始执行最后一个任务——撞击水星。"信使"号沿着预定轨道，不断降低高度，贴近水星表面，为科学家传回了最后的水星高清照片。2015 年 4 月 30 日晚上 8 时 26 分，"信使"号以每秒 3.91 千米的速度，撞击在水星的北极地区，留下了一个篮球场大小的弹坑。如果等到 2024 年，欧洲太空局与日本联合研制的"比皮·科伦坡"探测器抵达水星之后，我们或许才能清晰地看到"信使"号曾留下的最后痕迹。

水星将迎来新朋友！

2011 年开始，欧洲太空局和日本宇宙航空研究开发机构联合研制了一颗水星探测器。它以意大利数学家和科学家比皮·科伦坡的名字命名——"比皮·科伦坡"号水星探测器。它包括两颗探测器，分别称为"水星行星"轨道器和"水星磁层"轨道器。

欧洲太空局研制"水星行星"轨道器。它是一个后方前部扁平的探测器，很像老式电视机，重量 357 千克。

→ "信使"号的成就

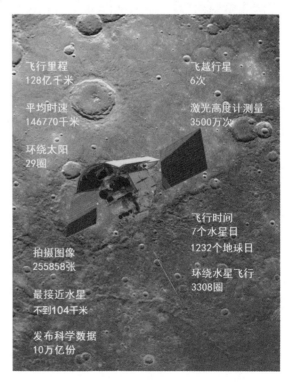

飞行里程
128亿千米

飞越行星
6次

平均时速
146770千米

激光高度计测量
3500万次

环绕太阳
29圈

拍摄图像
255858张

飞行时间
7个水星日
1232个地球日

最接近水星
不到104千米

环绕水星飞行
3308圈

发布科学数据
10万亿份

"水星行星"轨道器装载了广角照相机、窄角照相机、红外光谱仪、紫外光谱仪、激光高度计、离子和中子光谱仪、近地天体望远镜、伽马射线、X 射线和中子光谱仪以及射电科学实验包等探测器。

日本研制"水星磁层"轨道器。它是一个扁平的八角形状圆柱体，重量 250 千克。"水星磁层"轨道器安装了磁强计、带电粒子探测器、电波接收器、正离子发射器和照相成像系统。

这两颗探测器很先进，但也不是一个省油的灯，共计花费了 16 亿欧元。2018 年 10 月 20 日，"比皮·科伦坡"号水星探测器搭乘"阿丽亚娜–5"号火箭从法属圭亚那库鲁航天中心发射升空。

⬆ "水星行星"轨道器（上）与"水星磁层"轨道器（下）

⬆ "比皮·科伦坡"号发射升空，正在打开整流罩

"比皮·科伦坡"号按照重力辅助机动轨道绕飞 3 颗行星，1 次飞越地球，2 次飞越金星和 6 次飞越水星，航程大约 90 亿千米，最高速度每秒 60 千米，最远距离地球 2.4 亿千米。"比皮·科伦坡"号将飞行 7 年，于 2025 年 12 月抵达水星。

当进入环绕水星的轨道后，它俩分离，各自执行探测任务。"水星行星"轨道器飞得低，环绕水星的圆形轨道飞行。"水星磁层"轨道器飞得高，环绕水星的椭圆形轨道飞行。"水星行星"轨道器将绘制出几个波长的水星全球图。它还将绘制出这颗行星的矿物质和元素组成图，并确定这颗行星是否存在熔岩核心。

"比皮·科伦坡"号的科学目标：研究水星的起源和演化；研究水星的形

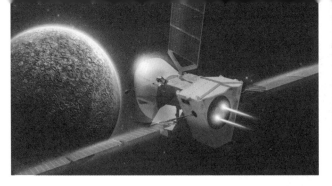

"比皮·科伦坡"号探测器飞向水星

"水星行星"轨道器（左）与"水星磁层"轨道器（右）分离

态、内部结构、地质、成分和陨石坑；探测水星大气层的成分和动力学；探测水星的结构和演化；探测水星磁层的动力学；确定水星磁场的起源；研究水星南北极沉积物的组成和起源，并对爱因斯坦的广义相对论进行检验。

"比皮·科伦坡"号将要破解5大谜团：

1. 水星两极水冰之谜。水星是距离太阳最近的行星，但它的南北极巨大的陨石坑内却永远照不到阳光。许多科学家认为：水星两极存在水冰，那么水星到底有没有冰？

2. 水星凹坑之谜。"信使"号探测器在水星表面发现了一些奇怪的凹坑。这些凹坑如何形成？它与陨石撞击有何关系？

3. 水星磁场之谜。"水手-10"号探测器虽发现了水星的磁场，但水星磁场的起源、演化和影响却一直没能被深入探索。

4. 水星表面成分之谜。"信使"号探测器曾发现水星表面含有许多挥发性元素，如硫、钠、钾等。那么这些挥发性元素是如何形成的？这对于了解水星的演变历程有重要意义。

5. 水星的形成与巨大的铁质内核之谜。水星的密度源于内核巨大的铁核。铁核如何形成的？至今依然是个谜。

"比皮·科伦坡"号水星探测器已经出发。它会带回更多的消息吗？会帮助我们解开这些谜团吗？现在，我们跟随"比皮·科伦坡"号的脚步，进行一次说走就走的旅行，探索这颗近在眼前、远在天边的神秘行星。

当你前往水星旅游，一定不要错

环绕水星的南北极飞行时，"水星行星"轨道器会飞低一点，"水星磁层"轨道器会飞高一点

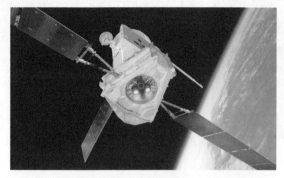

"水星行星"轨道器的等离子发动机

"水星行星"轨道器探测水星

过夜晚半球的风景——光线表演。这是太阳系中独一无二的好风景。现在，水星距离太阳升起还有两个月，你有足够的时间欣赏琥珀色光环萦绕夜空的美景。虽然水星拥有一个微弱的磁场，但却挡不住太阳风暴的袭扰。太阳风暴猛烈冲击着水星稀薄的大气层，拉开了光线表演的帷幕。

夕阳西下，独特的宇宙光线表演悄然上演。光线表演很像地球南北极的极光。黄色、蛋黄色、琥珀色、橙色的光线一会儿随风飘动，一会儿旋转升腾，一会儿变成艳丽的光环，你若在，将仿佛置身于一个美味的甜甜圈中。

如果你不是一个夜猫子，那就向着光明前进吧！

太阳正在你的上方滋滋作响。在水星上看太阳，要比在地球上大 3 倍，热度高 6 倍。水星是夏日度假的最佳旅游地，极度高温。如果你想将自己晒成古铜色，那一定不要错过水星的沙滩哦！

水星：宇宙光线表演

……下降！下降！再下降！突然，金星探测器头脚颠倒，身体扭动、挪动和翻滚，一会儿没有力气，一会儿不会说话，开始坠入深渊。糟糕！极高的压力压碎了探测器的"脑袋"，极高的温度烧毁了它的"身体"。这是一个怎样的星球环境呢？

# 2.1 地狱星球

罗马人将天上最亮的行星，命名为维纳斯。在古希腊神话中，这个扬名天下的女神被称为阿芙罗狄娜，维纳斯、阿芙罗狄娜都象征着爱情与美丽。

中国古代天文学家则按金木水火土的顺序命名各大行星，第一颗被命名的行星就是金星。古代，人们又将金星称为太白、太白金星。有时，金星在黎明前出现在东方天空，发射出金光，故又被中国人称为"启明星"。

20世纪50年代，天文学家还认为：金星一定与地球一样漂亮，拥有蓝色海洋、茂密森林和丰富石油。当个金星人，成为地球人的美好梦想。甚至有的亿万富翁会设想离开战乱纷争、遍地污染的地球，到金星去开辟新疆土。

金星，远看像一颗闪烁着金黄色光芒的美丽星球，近看却是一个丑陋诡异、恶劣凶狠的怪物。金星是人类发射的太空探测器最多，但却也是失败最多的行星之一。每当科学家谈起探测金星，马上倒抽一口冷气：哦！太难了！

虽然探索金星令人筋疲力尽，但科学家还是特别感兴趣地猜测：那里可能出现过水和生命！

金星，是太阳系八大行星之一。它像地球一样，诞生于45亿年前的原始太阳星云。由太阳星云中的尘埃、矿物质和各种元素聚集在一起而凝聚成的行星。

金星距离太阳的近日点10 747万千米，远日点10 893万千米。它是距离太阳第二近的行星。金星距离地球的近地点3 820万千米，远地点4 000万千米，它是距离地球最近的行星。用天文望远镜在地球上观察，就能看见金星的面貌。

金星是肉眼能够看到的最亮行星，也是太阳、月球之外第三个明亮的天体。金星与水星一样，是太阳系中没有天然卫星，没有光环的行星。为什么它没有卫星呢？科学家猜测：以前，金星周围一定有很多卫星和小行星。或许它的引力过大，一路"吞"掉了这些卫星和小行星。

金星是地球的姐妹星。这两颗行星到太阳距离相近，大小也相近。金星赤道直径 12 103 千米，地球赤道直径 12 756 千米，金星比地球稍微小一点。地球是一个稍微扁一点的圆球形星球，而金星几乎是一个完美的圆球形星球。地球是一颗生机勃勃的蓝色星球，而金星是一颗伤痕累累、雾气腾腾的火辣辣星球。

5 亿年前，金星内部的压力可能很大，当它实在憋不住时，全球性的火山爆发了。炽热的岩浆将金星表面完全吞没，摧毁了古老的陨石坑，旧貌换新颜。金星的表面比较年轻，大约 300 万~500 万年前才形成，但它有一颗跳动着的古老心脏。这颗洋溢着年轻面孔的星球隐藏着无数奥秘！金星会是什么样的星球呢？

金星很怪异，它有 4 大怪，特别令人惊奇。

金星第一怪：颠倒跑步。

金星的极轴方向很特别。在太阳系八大行星中，只有金星的极轴方向达到

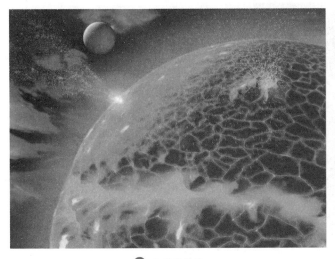

↑ 金星的模样

↑ 太空探测器眼里的金星：这是一个古怪离奇的星球

177°，几乎颠倒着运行，就好像颠倒着跑步。因为颠倒着跑步，所以自转方向是顺时针方向。在太阳系八大行星中，地球等六大行星的自转方向都是逆时针方向，只有金星和天王星自转方向为顺时针。

金星第二怪：反向走路。

金星的自转方向很特别。金星的自转方向是反转方向，与公转方向相反。在金星上看太阳，就太奇怪了。太阳从西边升起，到东边落下。如果在金星上说"太阳从西边出来"，是绝对的真理。如果说"太阳从东边出来"，那才是瞎说。

金星第三怪：走比跑快。

金星的轨道速度约为每秒 35.02 千米。这个速度听起来很快，但对于一颗星球来说等于慢慢走路，不能算快。行星的自转速度应该很快，如地球就是坐地日行八万里。金星的自转速度很慢，它拼命跑步每秒也只有 1.8 米，这比一个人的步行速度快不了多少。因此金星的自转周期很长，大约 243 个地球日，也就是说每隔 121.5 个地球日才会看见太阳。

金星第四怪：一天比一年长。

金星环绕太阳的公转周期需要约 224.7 个地球日。金星自转一圈需要约 243 个地球日。自转一圈比公转一圈的时间还要长 18.3 个地球日。金星环绕太阳公转了一圈，自转还没有转够一圈。这就是说一年都过完了，一天还没有过完。

那么曾经，金星到底都经历过什么呢？

如果你来到金星，满眼看去都是大大小小的火山和云雾腾腾的大气层。

火山活动释放出的气体，主要是二氧化碳和水，形成了浓厚的金星大气。多云的大气层将金星表面完全遮蔽起来。以前，天文学家观测金星后，总是嚷嚷："怎么搞的……模模糊糊，越看越糊涂，而且一天一个样。"

近五十年前，美国、苏联开始发

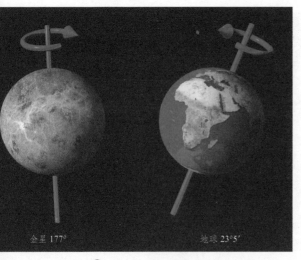

金星 177°　　地球 23°5′

🔴 金星、地球的轨道方向和轨道倾角

射太空探测器，前往金星探险。随着地球上的射电望远镜和雷达越来越先进，经过观察和探测，科学家最终揭开了云层的面纱，让人类第一次看到了金星的真面目。

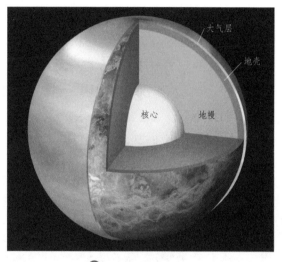

金星的结构与地球差不多，从里到外分为：核心、地幔和地壳。在过去的十亿年里，其内部冷却，地核也凝固了。金星的核心直径大约3000千米，可能是液态的，富含铁，还含有硫和氧；地幔则很可能与地球相似，是富含铁和镁的硅酸盐；地壳由富含铝、碱以及放射性元素铀和钍的岩石组成。

🌎 金星的结构

金星与地球的化学元素也差不多，可能拥有主要元素，如铁、镁、钙、硅和铝等。太空探测发现金星是一颗岩石和土壤混合的行星，遍地悬崖、火山、平原和陨石坑，密度略低于地球的密度。

一颗行星，非常关键的是有没有磁场。如果有磁场，就能保护行星免受太阳风暴袭击，就有可能成长为一颗绿色星球。一颗行星只有在液态核心和快速旋转的情况下才会产生磁场。金星旋转缓慢，几乎243个地球日才自转一周，因此金星不可能拥有磁场。这让科学家感到非常遗憾。

金星，一个噩梦般的星球。

为什么金星不是天堂？金星被笼罩在一层超过50千米的大气层中。金星表面和大气层非常干燥，大气层的成分很简单，二氧化碳气体高达约96.47%，氮气约3.5%，含有少量硫酸和水。二氧化碳没有气味，但是硫酸和水分混合变成毒气，味道很难闻，非常呛人。

最恐怖的是大气密度和压强。金星的大气密度是地球的100倍，相当于在高压锅里了；大气压是地球的90倍，相当于地球海洋中900米的深度。如果在金星上，人类根本不能呼吸。气压太高，强大的毒气，会直接冲入人的鼻子到肺部，瞬间能夺去人的生命。

这颗行星已经失控，它表面温度大约为 465℃，温度高得足以熔化铅。这主要是二氧化碳过多导致的温室效应。这些热量都闷在金星上，不能散发出去，而地球大气层中的二氧化碳则刚刚好，反射一部分阳光，散发一些热量，温度和气候才能恰到好处。

温室效应造成地表温度过高，液态水无法存在。金星几乎没有水。尽管有浓密的多云大气，地表也有足够的光照，它的光照也可能与地球上的晴天一样好，但是从来没有下过雨。金星大气中含有大量的强酸，高温和高压。在高温和高压下，金星的大气层缓慢旋转时，渐渐变成超级旋转大气——飓风。

当飓风来袭，急速狂飙，瞬间覆盖大地。飓风每 5 天就完全环绕金星一圈。硫酸和水汽混合成了厚厚的浓雾和毒气，笼罩着整个金星。最闪亮的景象来了。金星大气层发出噼啪声，闪电和雷暴此起彼落、经久不息，最长的闪电竟达到 15 分钟，亮光和轰鸣震撼着金星的整个天地。

🔺 金星火山和岩浆散发二氧化碳

🔺 二氧化碳笼罩大气层，形成温室效应

金星，会表演变脸。

在十亿年前，金星是一个模样；五亿年前，金星又是另外一个模样；现在，金星又变脸了。从大约五亿年前到今天，火山熔岩流重新覆盖金星的地表。金星上陨石坑、撞击坑的数量很少，这表明它有一个年轻的表面，平均年龄约为五亿年。

金星表面上平原占 70%，高地占 20%，低地占 10%。它主要是火山地貌，覆盖着广阔的平原，具有火山山脉和广阔的高原。金星上到处都是各种各样的地质构造。它的地貌、地形和地质非常多样化。岩石圈被伸展和压缩，形成穹隆和凹陷。

金星，就是一座地质博物馆。火山、悬崖、断崖、高山、高原、高地、平原、低地、山脉和陨石坑，宽阔的穹顶、裂谷、断裂带和山脊带，十分壮观。一个巨大的高地，横贯 2500 千米。一个巨大的穹顶，直径约为 3000 千米，还伴随着裂口和火山。

金星又是一个朝气蓬勃、富有生命力的星球。以前，金星经常遭遇火山爆发、小行星撞击、自然风化和各种灾难，地面发生巨大变化。特别是火山频繁爆发，岩浆热浪从地壳和裂缝涌出，席卷大地，淹没了原来的地表。

每过几亿年，金星都会表演一次变脸，完全改变一次模样。

🔆 万年死火山复活

🔆 金星地貌

金星，号称火山圣地。如果到金星旅游，你一定会欣赏到壮观的火山喷发。

轰隆隆，哗啦啦——火山一旦喷发，瞬间会炸掉整个山头。

火红、炽热的熔岩从火山口咆哮着喷射出来，咕嘟咕嘟地翻腾。熔岩汹涌着汇集在一起，形成巨大的熔岩流。熔岩流冲向低地，吞没高山、峡谷。火山熔岩摧枯拉朽，淹没一切，势不可挡。浓烟和毒气遮天蔽日，翻滚奔腾，直冲云霄。金星，上演着太阳系最壮观的火山喷发。

现在数一数金星上的火山吧！金星上大约分布着 500 个左右的火山区，700 多座直径大于 100 千米的大型火山，500 多座直径大于 20 千米的中型火山，还零星分布着 10 万多座小型火山，以及无数个火山熔岩流。这是太阳系中拥有最多火山的星球，其中玛亚特火山是金星上最大的火山，直径达到 1000 千米，高度9千米。它比地球上任何一座火山都大，甚至比火星上最大的火山——奥林匹斯火山还要大。从火山喷出的熔岩产生了长长的熔岩流，长度达到几百千米，其中最长的一条超过7 000千米。

金星表面85%的地区，都存在火山活动，经常发生火山喷发，此起彼落，令人生畏。如果你在金星旅游，一定要小心突然苏醒的火山。

金星上还有一个奇异的景观——火山环。在金星上点缀着400多个迷人的火山环。火山环是一种围绕火山中央的同心圆形地貌。这些圆形地貌都是裂缝、山脊和崎岖山脉，环绕形成一个个圆圈。它们直径大约100千米，大部分250千米，最大的超过了1 000千米。

火山环是金星，也是太阳系的独特奇观。

那么，金星上存在水吗？

许多科学家相信：金星地表曾经存在水，甚至海洋。

金星表面上缺水，比它那厚厚的二氧化碳大气会更令人费解。金星表面和大气中没有水循环。地球和火星上都拥有河谷、海洋、地下水、冰川和冰盖，但在金星的雷达图像中，这些几乎没有发现。

🔊 金星熔岩流，十分恐怖

为什么金星没有水呢？金星的二氧化碳太多，氢气和氧气太少，所以缺水。金星含有一点点水，但由于大气温度高，水从不凝结成液体。如果有一点点水蒸气释放出来，凝结成液体水，高温蒸发也会很快破坏液体水，液体水随后便蒸发消失了。

无论如何，金星大气中的水可能永远不会凝结成液体水。因为温室效应加热，导致温度超过水的沸点。如果金星曾经形成过海洋，也会因强烈的高温加热煮沸，最终，水蒸气和水分子会被分解成氢和氧。氢可能会逃逸到太空中，氧会与表面物质结合，金星的大气层因此变得干燥。

至于金星到底有没有存在过水呢？未来的金星探险家将寻找远古时代水和海洋的证据。

金星是否存在过生命？

金星和地球都在太阳系的宜居带。科学家认为：在遥远的过去，大约 20 亿~30 亿年前，金星可能是一颗拥有优美环境的星球。那时，金星可能存在着一些河流、海洋，甚至生命。火山大爆发可能让金星失去了演变为绿色星球的机会。

⬆ 高温蒸发了液体水

金星拥有大气层和大量平原，似乎会成为生命的摇篮。但是，它的环境恶劣，酸性云层、味道难闻；极端温度、温差很大；极高气压、没有水源。因此这个"摇篮"似乎又不太可能存在生命。

⬆ 金星的早晨

## 金星主要数据

| | | |
|---|---|---|
| 轨道特性 | 远日点 | 10 893 万千米, 大约 0.728 天文单位 |
| | 近日点 | 10 747 万千米, 大约 0.718 天文单位 |
| | 半长轴 | 10 820 万千米, 大约 0.723 天文单位 |
| | 偏心率 | 0.006 7 |
| | 公转周期 | 约 224.7 个地球日 |
| | 自转周期 | 约 243 个地球日 |
| | 轨道速度 | 约 35.02 千米/秒 |
| | 卫星 | 无 |
| 物理特性 | 平均半径 | 6 051.8 千米, 相当于 0.949 个地球平均半径 |
| | 面积 | $4.60×10^8$ 平方千米, 相当于 0.902 个地球面积 |
| | 体积 | $9.28×10^{11}$ 立方千米, 相当于 0.866 个地球体积 |
| | 重量 | $4.867\,6×10^{24}$ 千克, 相当于 0.815 个地球重量 |
| | 平均密度 | 5.243 克/立方厘米 |

| 物理特性 | 逃逸速度 | 10.36 千米/秒 |
|---|---|---|
| | 赤道旋转速度 | 6.52 千米/小时,大约 1.81 米/秒 |
| | 表面温度 | 400℃~464℃ |
| | 倾角 | 177.36° |
| 大气成分 | 二氧化碳 | 约 96.47% |
| | 氮 | 3.5% |
| | 二氧化硫 | 0.015% |
| | 氩 | 0.007% |
| | 水蒸气 | 0.002% |
| | 一氧化碳 | 0.0017% |
| | 氦 | 0.0012% |
| | 氖 | 0.0007% |
| | 其他 | 羰基硫、氯化氢和氟化氢 |

 # 2.2 金星巡行者

挺进金星,"麦哲伦"号探测器!

1989 年,美国宇航局又研制了一颗金星探测器,以葡萄牙著名航海家、探险家麦哲伦的名字命名——"麦哲伦"号。它由美国马丁·马瑞塔公司和休斯飞机公司建造,美国宇航局喷气推进实验室管理任务。"麦哲伦"号探测器号被称为会飞的"麦哲伦"。

"麦哲伦"号金星探测器高度 6.4 米,直径 4.6 米,总重 3 445 千克,净重 1 035 千克,其中推进剂 2 410 千克。"麦哲伦"号装载了合成孔径雷达,来测绘金星表面地图,测量金星的引力场。

"麦哲伦"号的姿态控制与推进系统,包括三轴稳定系统、3 个反应轮、24

个姿态控制推进器，其中 8 个推进器位于尾部。陀螺仪和恒星扫描仪提供方向和导航。通信天线直径长 3.7 米，由轻薄的石墨与精铝制造。两片太阳能帆板直径 2.5 米，发电功率 1 200 瓦，镍镉电池提供 1.030 千瓦电力。

"麦哲伦"号上的计算机系统很厉害。两台计算机自主控制飞行，4 台微处理器控制指令和数据系统。数据系统能够储存长达 3 天的指令数据。为了存储指令和数据记录，"麦哲伦"号上还有两台多轨数字录音机，能够存储数据记录，将数据收集后传输到地球，联系地球，播放和重播。

"麦哲伦"号的科学仪器主要是合成孔径雷达。雷达共有 3 种运行模式：测量多普勒频移，测量金星表面的海拔高度，测量描述金星表面温度。雷达通过 3 种模式循环探测,同时观察金星的表面地质、地形和温度。

科学家正在组装"麦哲伦"号金星探测器

"麦哲伦"号上安装了一台先进的雷达电视摄像机。它能透过厚实的云层，测绘和拍摄金星上一个足球场大小的物体图像。美国宇航局喷气推进实验室操作地面中央计算机，处理雷达数据，加工成可用的图像。

1989 年 5 月 4 日 18 时 46 分 59 秒，美国佛罗里达州肯尼迪航天中心进入倒计时最后一秒。"亚特兰蒂斯"号航天飞机点火发射。10 分钟后，航天飞机将"麦哲伦"号探测器带上了太空。

第二天早上，广播里传来了一首世界名曲《少女的祈祷》。在太空里，宇航员都以优美的音乐当作起床的铃声。宇航员大卫·沃克、罗纳德·格拉贝、马克·李、诺曼·萨加德和玛丽·克里夫，马

"亚特兰蒂斯"号航天飞机释放"麦哲伦"号探测器

上起床了。

"亚特兰蒂斯"号机长大卫·沃克大声喊道："今天，我们的任务是释放'麦哲伦'号探测器。这是航天飞机第一次将探测器送上太空。我们的任务艰巨，但非常光荣。现在，我们欢送'麦哲伦'号奔赴金星，开始星际旅行！"

这时，"麦哲伦"号还躺在航天飞机的货舱里。当一切准备好了以后，"麦哲伦"号在一个金黄色、半圆形的靠垫上慢慢升起来，越升越高。它似乎知道自己将做金星的客人，非常主动和热情。"麦哲伦"号将头部轻轻地翘起来，朝向金星的方向。沃克下令："准备！放！"

"麦哲伦"号慢慢地飘起来，轻盈地离开航天飞机的货舱，渐行渐远。宇航员们花了 6 小时 14 分钟，将"麦哲伦"号放飞。1 小时后，"麦哲伦"号被激活。它启动点火，开始了 15 个月的金星之旅。

"麦哲伦"号飞向日心轨道，围绕太阳飞行 1.5 圈。科学家预计：1990 年 8 月 10 日，它会到达金星附近的极地轨道上，定居下来。"麦哲伦"号探测器将执行 4 大科学任务：

拍摄一张高清的金星表面光学成像、雷达图像；

测绘一张 50 千米太空分辨率和 100 米垂直分辨率的金星地形图；

获得一张 700 千米分辨率和准确性达到 2~3 毫伽的金星重力场图；

绘制一张金星地质结构、密度分布和动态图。

"麦哲伦"号访问金星

你也许会想象"麦哲伦"号一定是采用各种最新科技和零件制造的探测器。其实，它的身世很凄凉，但却很自豪。"麦哲伦"号的飞行平台是用以前各种探测器，包括"旅行者"号、"伽利略"号、"尤利西斯"号和"水手 9"号遗留下来的零件组装而成的。它身上最值得骄傲的科学仪器——合成孔径雷达才是最先进的。

1990 年 8 月 10 日，"麦哲伦"号经过 462 天飞行，准时到达金星上空。

由于金星是个反转慢行的星球，"麦哲伦"号不得不根据金星的特点，也采取反转慢行。它点燃反推制动火箭，速度由每小时 3.96 万千米减至 2.79 万千米。"麦哲伦"号像滑滑梯一样，稳稳地进入近拱点 297 千米，远拱点 8 463 千米，轨道倾角为 85.5 度的环绕金星轨道。

当进入轨道 6 天后，"麦哲伦"号遭遇了通信中断 15 小时。1990 年 8 月 21 日，它又遭遇了第二次通信中断，这次达到 17 小时。地面上的飞控中心紧急发送了新的软件，以保证再发生此类异常时能够重置系统。

从 1990 年 9 月 15 日开始，"麦哲伦"号开始向地球发回金星地形的高质量雷达图像，采集了金星的重力数据，探测了火山活动、构造运动、风暴湍流、熔岩通道的长度和煎饼状穹顶等。

"麦哲伦"号飞越金星，每隔 40 分钟向地球传回一次数据和拍摄的照片。它首次获得第一张完整的金星照片，这对研究金星的地质地貌提供了形象的资料。"麦哲伦"号拍摄高清图像，收集数据，为金星表面结构、形成构造作用、火山活动提供证据。它发现金星表面主要由火山熔岩和灰烬覆盖。火山遗留下巨大的熔岩、熔岩平原和圆顶火山。金星上布满了新鲜

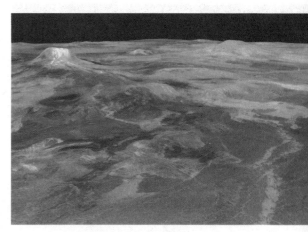

⬆ 金星表面：火辣辣

的火山坑，这表明金星的地质较年轻，但也不少于 8 亿年。

"麦哲伦"号拍摄了一条超过 6 000 千米的熔岩通道，令人十分震撼，它被誉为"金星大伤疤"。这让人类仿佛看到金星火山爆发的场景：山崩地裂，浓烟滚滚，火山熔岩像激流般涌出。金星上还能看到陆地板块构造的典型标志——大陆漂移和盆底扩张。这种地貌的构造主要是全球裂谷带，以及从地幔上涌和下陷产生的岩浆。

"麦哲伦"号利用高清雷达测绘，获得了第一张，也是目前最好的图像，展示了金星表面的特性。它通过成像和分析，获得了详细的火山、丘陵、山脊和其他地质构造数据。金星表面温度平均为 400℃~464℃，一切都显得火辣

⬆ "麦哲伦"号雷达俯瞰一个金星火山环

⬆ 玛特火山地形图

⬆ 拉托纳火山环和大理峡谷

辣。"麦哲伦"号绘制的全球雷达图，至今仍然是最详细的金星地图。

"麦哲伦"号被誉为"金星巡行者"。它一共"活"了5年8天15小时18分。"麦哲伦"号是航天飞机发射的第一颗太空探测器，也是第一颗拍摄到金星整个表面的太空探测器。它传回了1 200千兆的数据，远远超过了当时美国宇航局所有行星任务900千兆数据的总和。

从1990年8月10日起，"麦哲伦"号环绕金星飞行了15 000多圈，进行了全面的探测。它的任务时间达到4年2个月3天。1994年10月12日，"麦哲伦"号飞行在金星近拱点139.7千米上空，它最后一项任务就是探测二氧化碳。突然，它失去动力，失去了无线电联系。当用尽最后一点力气，"麦哲伦"号向地球发出最后一个信号：永别了，地球！永别了，地球人！1994年10月13日13时，"麦哲伦"号探测器脱离了轨道，在金星上被烧毁。

回顾"麦哲伦"号的科学成就。1991年，"麦哲伦"号雷达拍摄了一个金星火山环。它位于赤道以南约1000千米处，直径约为375千米，两侧是南北走向的断层带。火山环是由于熔岩使地表膨胀而产生形成的一个穹顶。

当穹顶冷却时，它崩塌形成火山环。火山环通常出现在熔岩平原上。那为什么金星上会产生火山环呢？

金星表面的地形几乎全都以历史上和神话中的女性命名。玛特火山，高达3千米，它以古埃及神话中真理与正义女神——玛特的名字命名。玛特火山的熔岩流绵延数百千米，穿过前景所示的断裂平原，到达火山底部。根据"麦哲伦"号的合成孔径雷达数据与雷达测高仪数据，科学家合成了这张立体的地形图。

拉托纳火山环和大理峡谷，根据"麦哲伦"号雷达数据，科学家生成这幅图像：左面是直径1000千米的拉托纳火山环，右面是4.8千米深的大理峡谷。这么深，这么宽，这么陡峭的峡谷和悬崖，令地球人目瞪口呆。

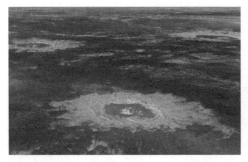

⬆ 拉维尼亚平原的3个撞击坑

1990~1994年，"麦哲伦"号以大约100米的分辨率拍摄了超过98%的金星。这张金星半球图像的分辨率约为3千米 ➡

# 2.3 星际快车

这是一辆史无前例的星际快车！

在行星探测中，欧洲太空局的行星探测器大都以"快车"命名，如"金星快车"、"火星快车"、"水星快车"。"金星快车"是欧空局首颗探索金星的探测器。所谓"金星快车"并不是因为它飞得快，而是研制速度快。2001 年 3 月，欧空局提出"金星快车"的设想，到 2005 年 11 月发射升空，总共只用了 4 年多。

"金星快车"号探测器长得四四方方，愣头愣脑。它的星体长 1.5 米，宽 1.4 米，高 1.8 米，发射重量 1 250 千克，其中推进剂 570 千克，科学仪器 90 千克。"金星快车"装备了 7 种科学仪器：等离子体和高能粒子分析仪、磁强计、行星光谱仪、紫外和红外大气光谱仪、射电科学实验仪、可见光和红外热成像光谱仪、探测照相机。

 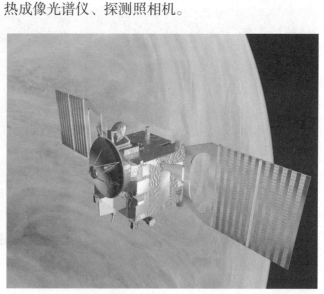

科学家组装"金星快车"号探测器　　　　"金星快车"号探测器

"金星快车"的科学目标：精确观测金星大气层，分析化学成分、气候变化和温室效应；探测火山活动和火山熔岩；研究太阳风对金星大气和磁场的影响。"金星快车"的意义重大而深远。人类必须吸取金星的教训，不要让金星的悲剧在地球上重演。

机不可失，时不再来。欧洲太空局已在"金星快车"上花了数亿美元。尽管耗资不菲，但这次太空探险一旦成功，将会给欧洲太空局带来巨大声望。毕竟，上一次人类探测金星活动已在 16 年前了。

2005 年 11 月 9 日，"金星快车"号探测器从位于哈萨克斯坦的拜科努尔航天中心，搭乘俄罗斯的"联盟"号火箭发射升空。它进入太空后，进行了一次精彩表演。

为了进入金星轨道，科学家为"金星快车"设计了最精确的时间表和路线图。

"金星快车"必须在进入金星轨道时，进行变轨，如同汽车变道时要减速

⬆ "联盟"号第三级火箭将"金星快车"号送入太空

⬆ "金星快车"与第三级火箭分离

⬆ "金星快车"号点火

⬆ "金星快车"与上面级火箭分离，飞向金星

一样。这时，它打开方向舵和反推发动机，进行太空"刹车"，以达到减速，并让金星引力捕获"金星快车"。这一动作必须十分精确，地点、方向、角度、时间都不能出现任何偏差。

太空"刹车"很危险。"刹车"太快，"金星快车"将不能被金星引力捕获而直接撞毁；"刹车"太慢，将与金星"擦肩而过"后，会重新飞回太空。如果发生撞击，每小时 2.9 万千米的速度不会让"金星快车"剩下什么，只能在大气层中烧毁。与这种极端失败的情况相比，"擦肩而过"要稍微好一些。

但"擦肩而过"的后果也很严重。如果"金星快车"与金星"擦肩而过"，

将耗费大量宝贵时间和动力。在这种情况下，"金星快车"最初会与地球失去联系，很麻烦。若再次与金星的相遇，要等到2010年，"晚点"的代价也太大了。

"金星快车"的特点是飞得非常快！2006年4月11日，"金星快车"这个无人"快车"经过153天航行后，到达金星的轨道附近。它像个百米赛跑的飞人一样，憋足了劲等待发令枪响。"请注意！准备入轨！"当金星从眼前飞驰而过的时候，"金星快车"离子发动机点火成功，它像坐上滑滑梯一样，顺利进入金星轨道，沿着南北极飞行。

"金星快车"玩冲浪：俯冲

"金星快车"还有一个特点是飞得极低！为了看清楚一点，它经常在金星上空玩冲浪，最接近金星时只有250千米，最远距离66 000千米。2014年7月11日，"金星快车"又来了一次惊险的冲浪，距离金星表面仅130千米。这令科学家十分欣慰，一切如设想的一样！

金星是太阳系中最类似地球的行星。早期，这两颗行星的大小和化学成分比较类似，后来的演化历史却完全不一样。地球进化成为一颗蓝色的星球，而金星变成一颗恐怖的星球。欧空局希望"金星快车"深入了解金星大气层的结构和变化。是什么导致金星目前恶劣的温室大气的？这有助于研究地球上的气候变化，防止地球金星化。

"金星快车"很聪明，它对金星的神秘大气和表面进行探测，连续发送回科学数据。"金星快车"发回的首批金星的新奇图像让科学家大开眼界。"谁说金星没有活火山？你看！金星上分布着数百个活火山！""金星快车"在火山的顶部发现了红外辐射、熔岩流和岩浆流淌的痕迹，表明这些都是活火山，最近还处在爆发和活动状态。

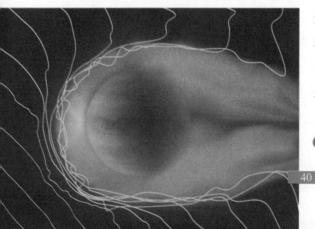

金星的电离层向后飘起来

2010 年 8 月，"金星快车"以独特的视角观察：在正常的太阳风下，金星的电离层的变化不大。当遭受太阳风吹拂时，金星上空的电离层轻盈地向后飘起来，很像彗星的尾巴。黄色线条表示太阳磁场线，向后弥漫的浓雾表示金星的电离层和太阳风的强度。这种奇异的景象让科学家们着了迷。

2012 年 12 月 3 日，根据"金星快车" 6 年的观测，科学家报告：金星大气层的二氧化硫含量变化很大，急剧上升和下降。刚开始，金星上层大气中二氧化硫的平均密度显著增加，随后急剧下降。现在，二氧化硫的平均密度大约只有之前的十分之一。

那这是怎么回事呢？科学家认为：最大可能是金星火山爆发产生二氧化硫。二氧化硫没有颜色，但散发着一股刺激的味道，属于有毒气体。金星上大部分二氧化硫隐藏在密集的云雾之上和大气层以下。科学家探测发现：金星厚厚的大气层中的二氧化硫，超过地球上的 100 多万倍。

🔊 "金星快车"号：防止地球金星化

"金星快车"很仔细。它报告了一系列重大发现，证实了金星过去存在过海洋，金星上发生过惊恐闪电，在金星的南极存在两个大气涡。金星表面浓密大气中绝大部分是二氧化碳，剧烈的温室效应使金星表面温度极高，最高达到 460℃左右。当然，水是没有的。这么高的温度，冰都瞬间蒸发了。

"金星快车"很能干。它从金星轨道上观察地球上的生命迹象。哦！地球是一颗大小非常合理的星球。"金星快车"也观察太阳系其他行星。人类将这些方法用于研究太阳系外行星的可居住性，以及寻找宇宙生命。

"金星快车"很勇敢。它环绕金星探测 8 年了。当燃料用完后，它还有一个终极任务——撞击金星。当"金星快车"的燃料用完，就发射撞击器。撞击器撞向金星的瞬间，"金星快车"立即拍照搜集信息发回地球。

2014 年 11 月 28 日，"金星快车"进行了一次惊心动魄的撞击。这是一场精确的试验，也是一场完美的演出和谢幕。

宜居带是指在恒星周围的一个适合诞生生命和适宜居住的特定地带。这里的行星为岩质结构，温度不高也不低，存在水、氧气和良好的大气层。金星和火星都可能成为像地球一样的绿色星球。

科学家一直很纳闷，为什么金星没有成为绿色星球呢？为什么金星会变成现在这副模样？为什么金星变成了一颗地狱般的星球？它有什么悲惨的身世和遭遇呢？

大约在 20 亿~30 亿年前，金星突然性情大变，火山大爆发。火山大爆发直接给金星带来了灭顶灾难。火山大爆发造成超强高温和温室效应，强酸、高温、高压将金星变成了一颗恐怖星球。

火山大爆发！金星和地球就差了这么一点点，命运却完全不同了。如果当时金星没有火山大爆发，而地球发生了火山大爆发，那么，今天的金星将是一颗生机勃勃的绿色星球，而地球就是一颗毒气弥漫、炽热恐怖的死亡之星。非常幸运的是，当时，地球正在海洋和大气中积累氧气，金星和火星失去了变为绿色星球的机会。

🔆 金星南极的两个大气涡

人类能把金星变成另一颗地球吗？金星可能比火星更有可能变成绿色星球，更有前景。科学家设想，如果我们劫持一些小彗星撞向金星，如果彗星给金星浇水降温，撞击激起和产生尘埃，从而让温室效应崩塌，金星就可能变成一颗绿色星球。

当金星变成一颗绿色星球，人类到金星大约只需 4 个月时间，人类早就移民金星了，也许就有你的爸爸妈妈。如果这样，你也许就能成为一个在金星上出生的外星人——金星人。

🔆 "金星快车"探测金星环境

怎么知道地月大碰撞的呢？怎么知道月球的前世今生呢？月球到底是谁的"私生子"，或者"混血儿"？月球到底是"女儿"，还是"妈妈"？探测月球、惊心动魄……好戏永远在后头！

#  3.1 星球大碰撞

十万火急！

"特伊亚"星即将撞击地球！

地球在劫难逃！

在45亿年前的冥古宙，太阳系的年龄还不到1亿岁。地球更是个正在吃奶的"婴儿"。婴儿时期的地球非常娇嫩、火红而炽热。它没有地壳，像软蛋一样一碰就破，到处是火焰和裂纹。之后，它的外壳开始冷却，而小行星、陨石和彗星常常从天而降。那时地球没有海洋，遍地火辣辣，大气层里也没有氧气，一片令人窒息的恐怖景象。岩浆翻滚时，偶尔会发出嘎咕嘎咕的空洞回声。地球不断被小行星与太阳系形成后剩下的碎石撞击，到处留下龇牙咧嘴的陨石坑。

地球开始像婴儿一样成长。小行星、彗星和陨石撞击，再加上放射性分解，地球产生了大量热量，收缩压力也剧烈增长。地球上到处是翻滚炽热的熔岩，隆隆震响的爆裂，剧烈的火焰染红了天边。这时，地球上较重的元素渐渐沉向地心，较轻的元素慢慢升至表面，形成了不同的地质层次。

地球大气层里存在太阳系和星云里的许多物质，特别是比较轻盈的气体，如氢、氦。太阳风与地球自身的热力忽而强劲，忽而微弱，不时吹散这层稀薄的大气层。在之后的1.5亿年里，地球表面慢慢地冷凝变硬，才形成了固体的地壳。

混沌宇宙：星球诞生了

宇宙中的星云与碎片聚合成星球

天有不测之风云！

一颗直径约 6 000 千米、火星般大小的行星——"特伊亚"星，环绕在地球与太阳之间的 L4 或 L5 拉格朗日点上。它在飞掠木星或金星时，可能受到引力扰动。"特伊亚"星改变了原来的轨道，一面快速旋转，一面晃晃悠悠地直奔地球的方向。

在 45.33 亿年前的一天，"特伊亚"星一面转着圈，一面扑向匆匆赶路的地球……"轰隆"一声，"特伊亚"星以每秒 5 千米左右的速度，迎面撞向地球的北半球。两个"软蛋"行星发生了大碰撞。

星球大碰撞时，火光冲天、岩浆奔流、天翻地覆，爆裂声响彻整个天宇。"特伊亚"星顿时粉碎，它的大部分星壳、星幔和星核撞入地球壳体，留在了地球里。

这场灾难性的碰撞威力巨大，超过导致恐龙灭绝的那次小行星碰撞产生能量的 1 亿倍。这两颗巨大行星碰撞，撞击部分达到 10 000℃高温，万亿吨的物质瞬间气化或熔化。当温度超过 1 700℃，就足以熔化、气化地球和"特伊亚"星的一部分，甚至气化了原子。

"特伊亚"星非常悲惨，几乎"粉身碎骨"，仅剩下一些残骸。地球的一部分地壳和地幔也被撞击成碎片和粉末，飘向远空。"特伊亚"就像一个被撞碎的鸡蛋，大部分"蛋黄"和"蛋清"进入了地球和月球，少部分则散落远空。

"特伊亚"的残骸和地球的碎片、粉尘聚集在距离地球不远的太空，开始

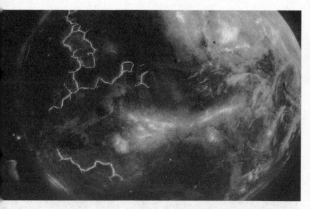

↑ 婴儿时期的地球

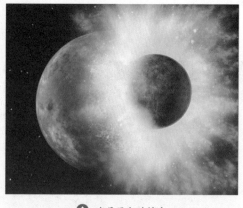

↑ 地月巨大的撞击

↑ 星球大碰撞

聚合为 2 颗或 3 颗小月球。后来，"特伊亚"星和地球的碎片、粉尘在引力的作用下合并，形成了一个新的星球——月球。

同时，地球也被撞得"头破血流"。它地壳破裂，岩浆横流，烈火燃烧，毒气熏天，惨不忍睹，简直是一个地球炼狱。地球内部的蒸气冲破地壳奔涌逃出，到处云雾腾腾。

地球，虽大难不死，但发生了翻天覆地的变化。"特伊亚"星撞击地球，给地球带来了更多的水分。蒸气和气体形成了第二次大气层。这次撞击的最大结果是地球撞到了现在的轨道，位于最佳宜居带。地球的极轴撞歪了，形成 $23°5'$ 的角度，这才让地球有了四季分明的春夏秋冬。

地球遭受撞击后，火山爆发十分频繁，将各种气体、矿物质和岩浆抛向地面，并开始慢慢冷却。在 7.5 亿年里，一些彗星撞击地球，火热的地球又开始有了水分，温度开始降低了，云层也开始出现和飘浮，新的大气层渐渐形成。大气层里可能充满甲烷、氨气、氮气、水蒸气、二氧化碳和其他气体，非常呛人。

这时候，氧气被氢气或地表上的矿物质包裹着，还没有出现。因为没有臭氧层阻隔，大量的太阳紫外线直接照射在地球表面，地球上一片火辣辣。在一次次雷鸣电闪下，大量雨水降落，形成了海洋。因为大气压力和二氧化碳气体，海洋表面温度为 230℃。

年轻的地球长大了。

在 44 亿年前，地球渐渐形成。从 40 亿年前开始，地球开始凉爽了。经过冥古宙、太古宙、元古宙等地质年代，地球渐渐变成了绿色星球。从 5.7 亿~2.3 亿年前的显生宙，地球开始出现生命，人类即将登上地球的舞台。

在这次星球大碰撞中，地球比较有运气，被撞击后的轨道，恰好位于太阳

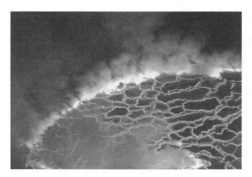

地球上一片火焰

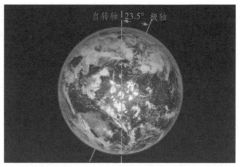

地球极轴倾斜 23°5′

系的最佳位置，光照和温度极佳，才使得其最终变成了绿色星球，诞生了生物。大碰撞后，在太阳和月球的引力下，最终减慢了地球的超级自转速度，产生一天 24 小时的自转速度和日夜交替规律。地球的倾斜角度和公转速度，让地球分出了一年 365 天和春夏秋冬。也是在这场撞击中，地球和"特伊亚"各自的氧元素充分混合，为地球诞生生命做好了准备。最重要的是在这场撞击中，"特伊亚"赐予了地球大量的水，这才让地球上诞生了生命。

星球大碰撞，让地球变成了一个生机勃勃的美丽星球，而月球从一颗行星变为一颗环绕地球的卫星，至今仍然伤痕累累、荒凉凄惨。

怎么知道地月大碰撞，地球和月球的前世今生呢？

月球到底是谁的"私生子"，或者"混血儿"？

1969 年~1972 年，美国"阿波罗"飞船 6 次环月飞行，探测了月球。宇航员登陆了月球表面，北半球和南半球，带回了月球岩石的标本。科学家

星球撞击地球产生大量碎片

研究发现，月球的正面和反面的地质和化学成分不一样。这为"特伊亚"星与地球迎面相撞提供了证据。

科学家在地球和月球上都可以找到"特伊亚"星的遗骸。在太阳系中，大多数星球的氧元素同位素成分存在很大差异。按一般原理，月球与地球的氧元素同位素的组成不应该一模一样。科学家比对地球与月球的样本发现，它俩的"氧元素同位素"的比例极其相似，几乎一模一样。

根据月球地质学的许多特征，比如月球内核的大小、月球岩石的密度和成分，科学家认为，这颗星体与地球发生碰撞所形成的残骸都最终混合在一起。地球与月球的"基因"——氧、铬、钛、铁、钨、硅等同位素基本一致。

在"阿波罗"计划中，美国宇航员从月球上带回了382千克岩石和土壤样本。在这些岩石样本中，最年轻的只有31亿岁，最老的已有44.2亿岁，接近太阳系自身的年龄。月球上岩石的年龄一般比地球岩石的年龄大。月球在31亿年前地质已经不活跃了，而那时地球上火山仍十分活跃，地壳运动直到现在还未停止。地球上的岩石年龄大都远小于30亿年，而月球上的岩石年龄大都在40亿年左右，甚至更大。

科学家研究月球岩石，可以了解太阳系早期的历史。"阿波罗"飞船带回的月球岩石标本证实，月球的年龄比地球的年龄稍大一点。月球应该是地球的"妈妈"，最起码也是"姐姐"。

关于月球的起源，科学家有不同的看法。有的科学家认为：星球大碰撞，月球是由"特伊亚"的碎片组成的"私生子"，月球是"特伊亚"星的直系后代——"女儿"。有的科学家认为：月球同时拥有"特伊亚"星和地球两颗行星的"血脉"，月球是"特伊亚"星和地球所"生"的"混血儿"。

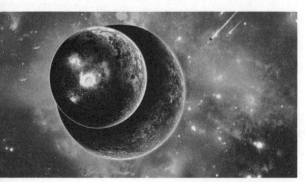
🔊 地球和月球渐渐形成

许多月球探测器和月震仪证实：月球正面和背面的月壳厚度不一样，月球正面的月壳平均厚度大约60多千米，月球背面的月壳厚度达到150多千米。月球背面的月壳厚度比月球正面的月壳厚度厚90多千米。为什么月球正面和背面的月壳厚度不一样呢？月球探测器还发现了月球远古时代的大裂谷。这是星球大碰撞留下的痕迹吗？

从现代天文学开始，月球起源至少有 4 种假说：

1. 分裂说，一颗大行星分裂成地球与月球。

2. 俘获说，地球引力俘获了月球。因为大部分行星的小卫星都是该行星捕获而来的。

3. 同源说，地球与月球同时形成。

4. 撞击说，"特伊亚"星撞击地球，诞生了月球。

现在，大部分科学家支持"撞击说"，但仍有一些科学家不支持"撞击说"。

地球与月球的"氧元素同位素"的比例几乎一模一样，并不稀奇。太阳系星球的物质和元素都来自太阳系和星云，它们应该拥有共同的"血缘"和"基因"。

如果地球与月球是"母女"关系，那就不可思议了。为什么地球变成绿色"美人"，而月球仍然是个"秃驴"。

地球极轴 23°5′ 的角度和斜着"行走"，并不能证明一定是月球撞击的。在宇宙和太阳系中，许多星球不但斜着"行走"，还横着"行走"，甚至倒着"行走"。

科学家认为，在地球历史上，较大的天体确实多次撞击地球。撞击天体到底是一颗行星、小行星，还是彗星，尚不得而知。撞击残骸是否形成了月球，也未可知。

如果星地大碰撞，按照撞击力量计算，会将月球撞出地球引力之外，而不是 40 万千米。

如果确实发生了星球大碰撞，"特伊亚"星大部分"蛋黄"和"蛋清"进入了地球和月球，极少部分"蛋黄"和"蛋清"会"溅落"到地球与太阳之间的 L4 或 L5 拉格朗日点上。

2006 年 10 月 26 日，美国发射"地日关系天文台"天文卫星双胞胎。科学家期望它俩能够在 L4 或 L5 拉格朗日点上，发现"特伊亚"星的残骸物质，最终能帮助揭晓月球是如何诞生的。

一个星球大碰撞的假说，一个震撼人心的猜想，拉开了探索宇宙和探索真理的大幕！

 # 3.2 灰色星球

500 年前，哥白尼在《天体运行论》中确定："月球是地球的卫星。一个月环绕地球一周。"因为月球一个月环绕地球一周，所以被称为月球。

月球，中国古代又称其为婵娟、玉盘等。苏轼《水调歌头》中的"但愿人长久，千里共婵娟"，李白《古朗月行》中的"小时不识月，呼作白玉盘"，白居易《琵琶行》中的"嘈嘈切切错杂弹，大珠小珠落玉盘"，这些诗句让月球深入人心。

月球的年龄大约 45.1 亿年，与地球的年龄差不多。它是地球唯一的天然卫星，也是太阳系中第五大卫星。月球直径 3 476 千米，地球直径约 12 800 千米，月球与地球的平均距离大约 38.44 万千米。

月球的轨道速度每秒 1.022 千米，公转周期约为 27.3 个地球日，也就是 27 天 7 小时 12 分钟。月球的自转周期约为 29.53 个地球日，也就是 29 天 12 小时 43 分钟，约 30 天。

月球的结构分为月壳、月幔、月核。最外层的月壳平均厚度约为 60~65 千米。月壳下面到 1 200 千米深度是月幔，占了月球的大部分体积。月幔下面是月核，大约 480 千米。月核的温度约为 1 000℃，很可能是熔融状态。月面的重力只有地球重力的六分之一。

从地球上看，月球好像只会公转不能自转。由于月球的自转周期与公转周期完全一致，因此从地球上看月球，总是一面永远向着地球，永远不能看见月球的背面。在没有太空探测器的年代，月球的背面一直是个未知的世界。

月球像地球一样，也会自转。当月球探测器飞行到月球背面时，可以看清月球神秘的背面，但却无法与地球直接通信。

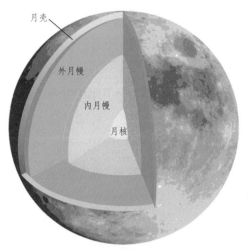

月壳
外月幔
内月幔
月核

↑ 月球的结构

↑ 2011 年 3 月 3 日，美国"月球"勘测轨道器拍摄的月球正面：黑暗部分是低洼、荒凉的平原——月海

↑ 2011 年 4 月 9 日，美国"月球"勘测轨道器拍摄的月球背面：布满环形山，伤痕累累

月球，冰火两重天。因为月球上是真空环境，没有大气层，再加上月面物质的热容量和导热率又很低，所以月球表面昼夜的温差很大。白天，在阳光照射的地方温度高达 130℃；夜晚，温度可降低到-160℃。平常的温度计在这里根本无法使用。

月球的地貌十分奇特。月球表面有阴暗的地区和明亮的区域。早期，天文学家在观察月球时以为月球上的黑暗地区形状大多数都是圆形的，都有海水，因此将它们称为"月海"。明亮的地区是平原和高地，那里层峦叠嶂，山脉纵横。月面上也有普通的山脉，高山和深谷迭现，别有一番风光。

月球也有很大的山脉。亚平宁山脉就是最著名的其中之一，它的一些山峰比珠穆朗玛峰还要高。月球没有风或雨的侵蚀，因此，山峰一旦形成，除了碰撞造成粉碎，高度一般都不会改变。

月球最典型的特征是星罗棋布的环形山。环形山是陨石撞击月球后留下的疤痕。月球上大约有上百万大小不等的环形山。环形山大多数都是被小行星、流星和彗星撞击形成的。这些碰撞大部分发生在很久以前，还有一些碰撞现在仍在发生。

月球没有大气层保护，小行星、流星和彗星以每秒几十千米的速度，毫无阻力地撞到月球表面上。大多数环形山很小，但也有很大的。月球上最大的环形山——格里马迪，直径222千米，深度2.7千米。

第谷陨石坑直径宽约85千米，中心山峰宽约15千米，高出陨石坑地面2 000多米。令人惊奇的是，这个巨大的陨石坑在几分钟内就形成了！请想象一下当时的景象：1亿年前，一道明亮的闪光，一颗大型小行星撞击月球。随着喷射出的熔岩和岩石紧接着撞击了近旁的大部分区域，这些撞击呈放射状向外移动。

当尘埃落定后，一个灼热的"大熔炉"诞生了，直径50千米。三四天后，月球上的熔岩和岩石降落在地球上，形成了一场壮观的流星雨。这比地球上白

🔼 月球地貌：陨石坑

🔽 第谷陨石坑和中央山峰：陨石坑形成过程中喷出的冲击熔体，覆盖了陨石坑的大部分外部

🔼 月球的伤疤——格里马迪环形山

🔽 第谷陨石坑硬化的熔体山峦为较深的灰色阴影（前景）。陡坡上散落着露出的新鲜岩石、远壁和中央山峰几乎呈白色

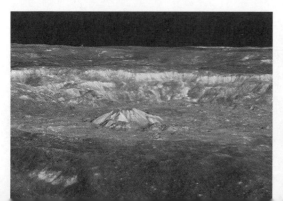

垩纪恐龙灭绝时的小行星撞击更令人震撼。

为什么月球那么荒凉，那么恶劣，人类却对它那么感兴趣呢？

月球的环境很独特，会发生很多有趣的事情。

月球表面的重力加速度是地球表面的六分之一。因为重量远小于地球，一个在地球上100千克重的人在月球上还不到17千克重。

宇航员采用像袋鼠一样漫步加跳跃相结合的方法，让自己在月球上尽快地移动。如果不受宇航服的影响，他们能够跳得比在地球上高6倍，跳得远6倍，举重也是在地球上的6倍重。如果能保持在月球上的这种体能参加地球上的奥运会，一定会获得各种冠军，录入吉尼斯世界纪录！

**月球主要数据**

| | | |
|---|---|---|
| 轨道特性 | 远地点 | 405 503 千米,大约 0.002 7 天文单位 |
| | 近地点 | 363 295 千米,大约 0.002 4 天文单位 |
| | 半长轴 | 384 399 千米,大约 0.002 57 天文单位 |
| | 偏心率 | 0.054 9 |
| | 公转周期 | 约 27.3 个地球日,27 天 7 小时 12 分钟 |
| | 自转周期 | 约 29.53 个地球日,29 天 12 小时 43 分钟 |
| | 轨道速度 | 1.022 千米/秒 |
| | 所属行星 | 地球 |
| 物理特性 | 赤道半径 | 1 738.14 千米,相当于 0.273 个地球赤道半径 |
| | 极地半径 | 1 735.97 千米,相当于 0.273 个地球极地半径 |
| 物理特性 | 面积 | $3.793 \times 10^7$ 平方千米,相当于 0.074 个地球面积 |
| | 体积 | $2.195\,8 \times 10^{10}$ 立方千米,相当于 0.020 个地球体积 |
| | 重量 | $7.347\,7 \times 10^{22}$ 千克,相当于 0.012 3 个地球重量 |
| | 平均密度 | 3.346 克/立方厘米 |
| | 逃逸速度 | 2.38 千米/秒 |
| | 赤道自转速度 | 4.627 米/秒, |
| | 表面温度(赤道) | 最高 117℃,最低−133℃ |
| | 倾角 | 5.145°(黄道) |

| 大气成分（每立方厘米原子总数） | 氩 | 40 000 |
| | 氦 | 2 000~40 000 |
| | 钠 | 70 |
| | 钾 | 17 |
| | 氢 | 少于 17 |
| | 氡 | 微量 |

↑ 月球的日夜分界线

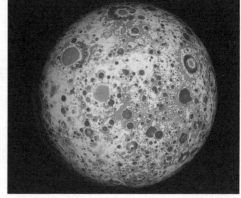

↑ 美国"圣杯"号探测器测绘的月球重力图

↪ 美国"月球"勘测轨道器测绘的月球表面地形图

# 3.3 登月行动

1957 年 10 月 4 日，前苏联将世界上第一颗卫星送上太空。1961 年 4 月 12 日，前苏联宇航员加加林代表人类飞上太空，环绕地球飞行。太空时代到来了！太空探索开始了！

1962 年 9 月 12 日，美国总统肯尼迪发表《登月宣言》：美国将在 10 年之内登上月球，并安全返回。这就是举世闻名的"阿波罗"计划。"阿波罗"计划大大提高了人类探索月球的兴趣。为了确保宇航员安全登陆和离开月球，了解月球的环境、气候、地理、地貌和地势，美国先后派遣了"游骑兵"号、"流浪者"号、"勘测者"号月球探测器。它们拍摄了月球照片，绘制了月球地图，并获得了"阿波罗"飞船着陆地点的高清照片。

1968 年圣诞节，"阿波罗-8"号飞向月球，这是一个里程碑！人类离开近地轨道到达月球，环绕月球飞行了将近一天。人类第一次从轨道上观看月球：荒凉而灰暗。1969 年 5 月，"阿波罗-10"号绕月飞行，测试登月器。这是人类登月前进行最后的彩排。

"阿波罗"计划是美国太空计划中最精彩的时刻。科学家们对行星和地球上生命的起源和演化有了新的认识。科学家认为，月球没有磁场、大气层，由与地球相似的普通岩石组成。月球表面布满粉灰，但宇航员和飞船绝不会陷入月球拔不出来。现在，我们已

1959 年 3 月 1 日，冯·布劳恩博士（左）、约翰·卡萨尼博士（中）和范·艾伦博士检查了"先锋-4"号月球探测器的部件

⬆ "土星-5"号火箭发射

经基本了解月球了，下一个巨大飞跃已经准备好了——开始登月！

1969 年 7 月 20 日，"阿波罗-11"号飞船飞临月球。宇航员阿姆斯特朗和奥尔德林乘坐登月舱，在危险和痛苦中下降，安全降落在了静海基地。

人类第一次登上了月球。阿姆斯特朗豪迈地宣告："这是我的一小步，但是人类的一大步！"奥尔德林描述月球：壮丽的荒凉！

阿姆斯特朗和奥尔德林像袋鼠一样蹦蹦跳跳，在月球上行走了两个半小时，收集了 21.55 千克岩石和土壤，布置了各种科学实验仪器。阿姆斯特朗报告："我在土壤中发现了一小块白色的岩石，它与周边的泥土完全不一样，这块小石头可能是从遥远的陨石坑炸到了这里。"

科学家从岩石和土壤样本中了解到玛丽亚山是一个古老火山熔岩形成的大山，在 36 亿年前已经凝固结晶了。月球样品的化学成分与地球岩石相似。月球极其干燥，当时，人类并没有在月球上找到水的痕迹。

第谷·布拉赫是丹麦的天文学家。第谷环形山是月球表面最著名的环形山。科学家对第谷火山口进行化学分析后推断，这颗星球在远古时期几乎完全熔化，覆盖着一层液态岩石，称为"岩浆海洋"。这种"岩浆海洋"的推测后来应用到所有的岩石行星上。微小的陨石轰击将火山口一点点磨碎，最终磨成平滑的山脉。月球的尘埃颗粒注入了来自太阳的气体，土壤变得非常灰暗。这些原始的痕迹都保存在月球上，非常珍贵。由于地球的地质活跃，这种古老的、共同的历史大部分已经消失了。

1969 年 11 月 19 日，"阿波罗-12"号宇航员康拉德和比恩在"风暴之海"着陆。两年前，美国"勘测者-3"号探测器就着陆在附近。"靠左，靠左！偏了！……前进一点，慢一点！"登月舱在距离"勘测者-3"号大约 450 米的地方着陆。"着陆成功！太精准了！"这次任务展示了登陆器精确登陆月球的能力。宇航员康拉德说："这是阿姆斯特朗的一小步，但是我的一大步！"

"你看！前方就是那个家伙！"康拉德和比恩报告，"我们正慢慢靠近'勘测者-3'号。它孤零零地屹立在一片尘土之上。"康拉德小心翼翼地拆卸"勘测者-3"号的科学仪器，他要将其带回地球，以便科学家研究探测器长期暴露在月球环境下可能受到的影响。

康拉德和比恩收集了34.35千克样本，并部署了一个核动力实验包。这个着陆点的熔岩比"阿波罗-11"号的熔岩稍年轻，但仍然有31亿年的历史。这里的高地不同于"阿波罗-11"号着陆的高地，它的放射性元素和稀土元素异常富集。这表明月球的地壳是变化的，复杂的。

"瞧！这里有一块浅色的岩石。"宇航员带回了这块浅色的岩石。这块岩石非常不一般，它可能来自着陆地点以北297千米的遥远的哥白尼陨石坑。当年，一颗陨石撞击，形成哥白尼陨石坑。这块石头是陨石撞击破碎时，向外抛射的一部分。从这片土地的形成年代来看，哥白尼陨石坑"只有"9亿年的历史。按照地球的标准来看，它已经很古老了，但在月球上却是最年轻的土地。

1970年4月11日，"阿波罗-13"号飞船发射，飞向月球。在即将到达月球时，飞船上的一个氧气罐的爆炸，使其陷入了登不上月球，也回不了家的困境。3名宇航员将登月舱当作救生艇，经历千难万险终于安全返回地球，这是一个难忘的传奇！

1971年1月31日，"阿波罗-14"号发射，前往"阿波罗-12"号以东的

人类登上月球：一次巨大飞跃

康拉德拆卸"勘测者-3"号的科学仪器，远处就是登陆舱

一个高地，靠近弗拉莫罗火山口。这里被选为收集从月球深处爆炸出来的岩石的最佳地点。在遥远的古代， 一颗巨大的陨石撞击月球，形成一个直径超过992千米的陨石坑。这个陨石坑位于着陆地点以北5 956千米。

从月球深处爆炸出来的岩石会飞到近6 000千米的地方吗？月球上没有空气阻力，引力只有地球的六分之一，陨石撞击激起的岩石可以飞行极远，跨越半个月球，甚至落到地球上。为什么要苦苦寻找月球深处爆炸出来的岩石呢？月球深处爆炸出来的岩石蕴藏着古老月球的"年轮"和"基因"，非常值得研究。

宇航员谢泼德和米切尔进行了两次月球漫步。他们拉着手推车捡拾月球样本，带回了42.28千克的岩石和土壤。瞧！这是弗拉-毛罗高地的角砾岩，一种古岩石的复杂混合物。这片高地在陨石的巨大撞击下破碎了，形成了盆地。

从这些样本中，科学家们了解到：这场愚蠢的撞击发生在38亿年前，在黑暗的泥灰熔岩淹没月球表面之前，44亿年前月球地壳形成之后很久。在这第三次登陆之后，一幅月球演化的新图景正在浮现：月球不是一块简单的冰冷星球，也不是一个活跃的火山星球，而是一个具有复杂而微妙历史的星球。

1971年7月26日，宇航员斯科特、罗萨和欧文搭乘的"阿波罗-15"号飞船升空。美国宇航局开始了3次长时间停留任务中的第一次长时间停留。"猎鹰"号登月舱在月球表面停留了3天。这次任务第一次将一辆"巡行者"号月球车送上月球。"巡行者"号月球车是一种小型电动车，可以让宇航员远离登月舱，长距离旅行和探险。

斯科特和欧文探索了美丽的登陆点——哈德利·亚平宁盆地，这是一个位于巨大盆地边缘底部的山谷。宇航员发现了一块岩石——"创世纪"岩石，它几乎全部由一种矿物——斜长石组成，这代表了月球上最古老的地壳岩石。

月球上发现玻璃碎片？请惊讶一下！他们真发现了一小块翡翠绿色的玻璃碎片。这是月球撞击时，月球深处的地幔岩浆在熔岩喷流中，高温形成的玻璃片。在33亿年前，这里形成了一个巨大的峡谷和古老的熔岩通道。宇航员共获得了76千克月球样本。"阿波罗-15"飞船指令舱携带了化学传感器和摄像头。罗萨驾驶指令舱环绕月球飞行，从月球上空拍摄和绘制了月球表面近20%的地图。

1972年4月16日，"阿波罗-16"号飞向月球，在笛卡尔高地深处着陆。宇航员约翰·杨和杜克花了3天时间探索这个地方。登月非常昂贵，每个人每

⬆ 2月6日，米切尔在进行科学实验，身旁是一辆手推车。手推车里装着照相机、月球样品袋、科研工具等

⬆ 谢波德和米切尔从一块白色巨石上采集的岩石样本。一把锤子和一个小收集袋放在月球巨石上，可以看出这块巨石的大小

⬆ "巡行者"号月球车：可靠、安全、灵活，最大速度为每小时18千米

⬆ "巡行者"号月球车的空心钢丝轮胎

分钟消耗 100 万美元。他们抓紧时间，乘坐"巡行者–2"号月球车，奔驰了 28.8 千米，收集了 95.71 千克样本，在月球上部署并操作了第一个月球天文观测站——紫外望远镜。

"……不得了！在笛卡尔高地，几乎都是角砾岩。"角砾岩证明这儿经历了一个漫长而复杂的历史。宇航员还发现了与"阿波罗–15"号发现的"创世纪"岩石相似的古代地壳岩石。他们测量发现：月球表面拥有非常强的磁场。这个令人费解！尽管月球没有全球磁场，但一些月球样品仍有磁力，这表明它们是在强磁场的情况下冷却而成的。奇怪！月球什么时候拥有强磁场的呢？

最后一次登月——"阿波罗-17"号飞船。1972年12月11日，塞尔南和施密特在宁静海的边缘——金牛座利特罗山谷着陆。这儿的深山峡谷高达2 000多米，高山上滚下来的大石块很多，地质资源丰富。这里是最危险的着陆点，为什么要在最危险的地方着陆？宇航员可以在最危险的地方搜集到更多、更丰富的地质标本。塞尔南报告道："地球就在38万千米外。我俩丝毫没有与世隔绝的感觉。太棒了！"

塞尔南和施密特要进行四大实验：

1. 大气实验。质谱仪研究月球大气。月球高真空，但还存在少量气体，有哪些气体呢？

2. 重力实验。重力计测量月球重力和月球上缓慢的月震。

3. 火山喷发和陨石实验。寻找月球上的小陨石，甚至灰尘那么大的陨石。

4. 震动实验。放置炸药包。当宇航员离开月球后，地球上的科学家引爆炸药包。月球表面就剧烈震动，了解地表下的地层和结构。

月球重力只有地球重力的六分之一。宇航员老是摔倒。突然，塞尔南报告：麻烦了！我跳跃得太快了，我的腿和锤子撞断了月球车的挡泥板。月球车没有了挡泥板，尘土朝后抛撒，头盔、面罩和宇航服上都是灰白色的尘土，身上很脏，妨碍开车。美国宇航局意识到问题的严重性，连夜研究建议：请用一张厚一点的旧地图，剪切一下，充当挡泥板。这招还真管用！

两名宇航员一面跳跃奔跑，一面唱歌，太酷了！

施密特是第一位派往月球的专业地质学家。他们花了3天时间，开着"巡行者-3"号月球车奔驰了34千米，彻底探索了整个山谷。他俩搜集到了741份、110.52千克月球岩石和土壤样本，并部署了一套新的月面实验仪器，拍摄了2400多张照片。他们发现了36亿年前的橙色火山灰。宇航员从山上采集了地壳岩石和复杂的角砾岩。这些岩石和角砾岩是在39亿年前形成宁静盆地的撞击过程中形成的。这个地点的熔岩已有36亿年的历史，记录了月球上至少7亿年的熔岩泛滥的历史。

塞尔南和施密特在月球上度过了71个小时，创造了世界纪录。12月14日，宇航员们要回家了。施密特将考察地质用的锤子抛向远方，似乎扔出了十万八千里。塞尔南曾答应女儿特雷西，将她的名字留在月球上。这时，塞尔南用手指在月球尘土上，写下女儿的名字——特雷西。

塞尔南在月球上留下了人类目前为止的最后脚印，登上登月舱，抖掉靴子上的月球灰尘，结束了人类首次探索月球的时代。施密特向月球敬礼，发表了慷慨激昂的演说："我们带着全人类的和平与希望来到月球，走完最后一步。再见！月球！我们会再回来的！"2017 年 1 月 16 日，塞尔南去世，享年 82 岁。

"阿波罗"任务彻底改变了行星科学。早期的太阳系是一个个碰撞的行星，熔化的表面和爆发的火山，形成的一个个复杂和激烈的地质混合物。39 亿年前"早期轰击"的概念已在所有行星得到广泛印证，这些证据都来自月球样本的研究。科学家认为微陨石雨持续不断，渐渐磨掉了所有没有空气的行星表面。这个过程非常缓慢。月球以大约每百万年 1 毫米的速度被侵蚀。

"阿波罗"计划在勾勒月球历史方面做了出色的工作，更多的惊喜等待着未来的月球探测器揭晓。

🔴 1972 年 4 月 21 日，约翰·杨在第一次月球漫步时向美国国旗敬礼。杜克拍下了这张照片。"猎户座"登月舱在左边。月球车停在旁边。约翰·杨身后的科学仪器是远紫外摄像机

⬆ 杜克在笛卡尔高地梅子陨石坑旁收集岩石样本。月球车停在后面

⬆ "阿波罗-17"号飞船上的科学家宇航员施密特站在一块巨大的、裂开的巨石旁，采集样品

⬆ "阿波罗-17"号宇航员施密特与月球地貌

# 3.4 探月进行曲

伟大的故事开始了！

月球探测到处充满了危险。许多月球探测器不是当场爆炸、未到达月球轨道、再入大气层失败，就是因故障错过月球，或莫名其妙失踪。

人类越战越勇，利用各种探测器飞越、环绕、着陆、撞击月球并采样返回，同时将人类的脚印、气息、勇敢和智慧留在了月球。

1969 年 7 月~1972 年 12 月，美国"阿波罗"飞船 6 次登陆月球，12 名宇航员登上月球，在月面共停留 300 多小时，带回来 382 千克月球岩石和土壤样品。宇航员将美国国旗、各州旗帜、联合国旗帜、136 个国家和地区的旗帜，包括中国五星红旗都带上了月球。这是美国的一小步，但是人类的一大步。

在我国，一个人也迈开了大步，他就是"嫦娥"之父——欧阳自远。

欧阳自远，1935 年 10 月 9 日出生于江西省吉安。1978 年 5 月 28 日，美国总统卡特的特使布热津斯基访问中国，送给我国一面访问过月球的五星红旗，

⬆ "嫦娥"之父——欧阳自远

⬆ 月球探测

⬆ 月球探测器撞击月球

一块"阿波罗-17"号飞船带回来的"月亮的石头"，重量只有 1 克。欧阳自远说："我小心翼翼地取了 0.5 克做研究，成果显著。"

2004 年 1 月 24 日，中国"嫦娥"探月工程计划开始实施，分为"绕、落、回"三期。欧阳自远担任"嫦娥"工程首席科学家。中国的太空探测刚刚开始，任重道远。中国要探测太阳系和八大行星，探测小行星、小行星带、柯伊伯带。欧阳自远提出 2030 年太阳系探测的总体科学目标，以及火星、太阳、小行星、金星和木星等的初步探测设想等。

欧阳自远聪明睿智，壮怀激烈，坚持真理，目标远大。他从没有将自己当作一位大科学家，而是当作一名大朋友，向小朋友和老百姓传播科学普及知识。当小朋友问欧阳自远："怎么样才能当上科学家？"他答道："刻苦学习，大胆想象！每个人都有可能当上科学家，比我还大的科学家！"

2007 年 10 月 24 日，"嫦娥-1"号月球探测器从西昌卫星发射中心升空。

"嫦娥-1"号月球探测器重量 2 350 千克，其中燃料重量约 1 300 千克。它外形是一个六面立方体，长 2.2 米，高 2.2 米，宽 1.72 米，设计寿命为 1 年。"嫦娥-1"号的两侧各装有一个展开式太阳能帆板。当两侧太阳翼完全展开后，最大跨度可以达到 18 米。

"嫦娥-1"号携带了许多高科技仪器，如激光高度计、立体相机、成像光谱仪、射线谱仪、微波探测仪、高能粒子探测器和离子探测器等。立体相机的空间分辨率为 500 米，平面误差为 192 米，高程误差为 120 米，能够在 85 秒内获得月球表面同一物体前视、正视和后视三个不同视角的图像数据。根据这些信息可以获得全月球的三维地形数据。

"嫦娥-1"号似乎是个艺术家。它搭载了 30 首中国歌曲：《谁不说俺家乡好》《爱我中华》《歌唱祖国》《梁山伯与祝英台》《青藏高原》《高山流水》《草原上升起不落的太阳》《阿里山姑娘》《半个月亮爬上来》《在那遥远的地方》《但愿人长久》等。

根据精确设计，"嫦娥-1"号经过 10~12 天飞行，接近月球轨道。这时，它开始"刹车"，在两条"智慧曲线"之间，也玩了一次小小的秋千，靠月球引力进入月球轨道。"嫦娥-1"号启动发动机制动，进入距离月球 200 千米高度的轨道，进行环月探测。

"嫦娥-1"号执行 4 项科学任务：拍摄月球表面立体影像；分析月球表面元素类型、含量和分布；测量月壤厚度，评估"氦-3"元素的含量；探测地月

"嫦娥-1"号奔月路线图

"嫦娥-1"号月球探测器

"嫦娥-1"号的第一张月面照片

之间的太空环境。当完成各项使命后，"嫦娥–1"号不再返回地球，直接撞月。

2009 年 3 月 1 日，"嫦娥–1"号进行月球撞击。它将古老、沧桑的月球撞出了一个小小的浅坑，溅出月壤和火花。科学家还想探测月球的伤口是怎么样被撕裂的，又是如何愈合的，从而发现一些月球的秘密。

"嫦娥–2"号开始发射！"嫦娥–2"号的模样与"嫦娥–1"号差不多，但其比姐姐聪敏很多。它控制精度提高了，控制自主能力也增强了。"嫦娥–2"号搭载了 1 台降落相机、3 台监视相机、立体相机、微波探测仪、太阳高能粒子探测器等多种科学探测设备。它的科学任务是拍摄高清晰月球表面影像，探测月球极区表面，探测月球表面元素分布、月壤厚度和地月太空环境等。

2010 年 10 月 1 日，"嫦娥–2"号在西昌卫星发射中心发射升空，之后顺利进入地月转移轨道。10 月 2 日 3 时 39 分，"嫦娥–2"号完成了第一次地月成像。

在环月飞行阶段，"嫦娥–2"号拍摄了虹湾区高分辨率图像，为"嫦娥–3"号着陆器和"玉兔"月球车登陆选择地点。"嫦娥–2"号环月 150 天，共 2 次变换飞行姿态、3 次轨道维持以及月食控制。

"嫦娥–2"号拍摄了月球高清照片，完成了一系列工程与科学目标，获得了分辨率优于 10 米的月球表面三维影像、月球物质成分分布图等。它看看环形山，看看月球的背面长得怎么样。如果有幸的话，还可以看见月球上的天外来客——陨石。

"嫦娥–2"号还是个冒险家和多面手。2011 年 4 月 1 日，"嫦娥–2"号拓展试验，进入日地拉格朗日 L2 点环绕轨道，进行深空探测等试验，完成了离

↑ "嫦娥–2"号探测器拍摄的拉普拉斯环形山三维图

◐ "嫦娥–2"号探测器

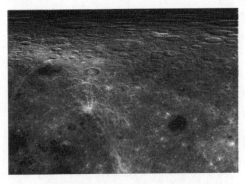

"嫦娥-2"号拍摄的月球照片

子能谱、太阳耀斑爆发和宇宙伽马爆的科学探测。

2012年12月15日，当飞离日地拉格朗日L2点195天后，"嫦娥-2"号飞抵远离地球约700万千米的深空。它激流勇进，毅然飞越第4179号小行星——图塔蒂斯。"嫦娥-2"号惊呼：哇！"图塔蒂斯"是个丑陋的小行星。

"嫦娥-3"号月球探测器发射重量3 750千克，分为着陆器和"玉兔"号月球车。着陆器的特征十分明显，3只爪子，1个装着照相机的桅杆，1个高科技的机械手。

"玉兔"号月球车长1.5米，宽1米，高1.1米，重量120千克，6个轮子，载重20千克。它装载了降落相机、光学相机、月球矿物光谱分析仪、月壤气体分析仪、月球地热资源探测器、月壤结构探测仪、采样剖面测温仪、岩芯钻探机和机械取样器等。"玉兔"号月球车上安装了天文望远镜和极紫外相机。

"嫦娥-3"号第一次执行软着陆和月球车任务。科学任务是探测着陆区地貌和地质构造，调查月表物质成分和可利用资源，地球等离子体层探测和月基光学天文观测。"嫦娥-3"号个子不大，但其任务艰巨，那么它能完成任务吗？

2013年12月2日，"嫦娥-3"号在中国西昌卫星发射中心由"长征-3B"运载火箭送入太空。12月14日，"嫦娥-3"号成功软着陆于月球雨海西北部。12月15日，它将"玉兔"号月球车送上月球，开展了观天、看地、测月等科学探测，取得了一定成果。

"玉兔"号月球车是个全能金刚。它可耐受-180℃、150℃的极限温度，具有前进、后退、原地转向、行进转向、20度爬坡、20厘米越障的能力。为了在月面上留下珍贵的纪念，"嫦娥-3"号和"玉兔"号互相拍照。这是五星红旗第一次在月球上闪闪发光，创造了一个中国传奇。

"玉兔"号月球车既是摄像师，又是物理学家、化学家、化验员，还兼任通信员。它分析化验过的数据和拍摄的照片通过一个微小的天线发送给地球。月球车在月球的寿命只有90天。如果幸运的话，它可能存活更长时间。

2018 年 12 月 8 日，中国在西昌卫星发射中心成功发射"嫦娥-4"号月球探测器，飞向遥远的月球，开启了月球探测的新旅程。

"嫦娥-4"号的模样和大小与"嫦娥-3"号差不多。它由着陆器和"玉兔-2"号月球车组成。它们的科学任务是月球背面软着陆，月球背面巡视探测。"报告，地月转移成功！""报告，近月制动成功！""报告，环月飞行成功！""报告，软着陆成功！"

2019 年 1 月 3 日 10 时 26 分，"嫦娥-4"号实现了人类首次月球背面的软着陆。它的降落地点为冯·卡门撞击坑，东经 177.6 度、南纬 45.5 度。"嫦娥-4"号开展月球背面的漫游探测和巡视探测。它的探测成果通过环绕月球

"嫦娥-4"号着陆器软着陆

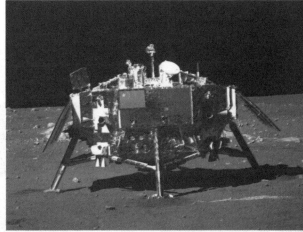

"玉兔"号为"嫦娥-3"号着陆器拍摄的照片

飞行的"鹊桥"中继卫星转发，实现月球背面与地球之间的中继通信。人类首次在月球背面软着陆巡视探测的大幕由此拉开。

"好消息！好消息！"世界第一张近距离拍摄的月背影像图通过"鹊桥"中继卫星传回地球，揭开了古老月背的神秘面纱。"玉兔-2"号月球车也开上月面，开始漫游探测。1 月 11 日，

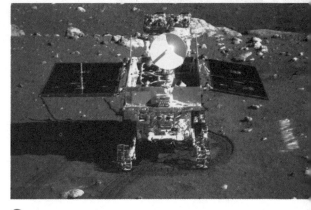

"嫦娥-3"号着陆器为"玉兔"号拍摄的照片

"嫦娥-4"号着陆器与"玉兔-2"号十分得意,互拍照片留念。

由于月球自转周期和公转周期相等,以及地球潮汐锁定了月球,地球强大的引力让月球总是一面朝向地球。地球上的人类只能看见月球的正面。月球的背面,成了"秘境中的秘境"。"嫦娥-4"号探测器惊奇地发现:月球背面不仅"厚脸皮",还是"麻子脸"。

"嫦娥-4"号还有一项生物实验任务。科学家选择了6种生物种子和虫卵:棉花、油菜、土豆、拟南芥、酵母和果蝇,将它们带到月球上进行培育。1月15日,"嫦娥-4"号发来照片:棉花种子经历了月球的低重力、强辐射、高温差等严峻环境考验,在月球上长出了第一株嫩芽。这是人类首次在月面进行的生物实验。

2020年11月24日,中国发射了"嫦娥-5"号。它将带着月壤返回地球,创造新的惊奇和传奇。从地球到月球,从月球到火星,从木星到小行星,中国航天的脚步,越走越远!

⬆ "嫦娥-4"号着陆器地形地貌相机拍摄"玉兔-2"号月球车开上月面

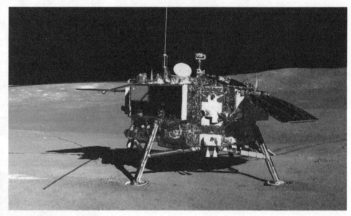

⬆ "玉兔-2"号月球车的全景相机拍摄"嫦娥-4"号着陆器

# 火 星侦察兵

>>>

欢迎您来到红色星球——火星！火星，拥有令人难以抗拒的魅力。它像催眠师一样将地球人吸引过来。人类下一个可以漫游的地方是火星。不管你在火星上流浪的原因是什么，都很高兴看见您。奇迹的大门正在打开……

# 4.1 第一个 "火星人"

火星为什么这样红？

火星上有没有运河？

为什么火星常 "变脸"？

火星上有没有火星人？

每当夜空，一颗熟悉又陌生的星球冉冉升起，静静地闪耀着橘红色的星光。这就是红色星球——火星。

火星，拥有一个红色、炽热的神秘外表。

由于火星闪耀着红色光芒，荧光似火，迷惑不定，中国古代天文学家称火星为荧惑星；西方一些国家将火星视为战神，古希腊人将神话中的战神阿瑞斯称为火星；古罗马人以罗马神话中崇高威武的战神命名火星——玛尔斯；波斯人则将火星比喻为战无不胜的战神尼尔。

火星是太阳系八大行星之一，年龄大约 45.5 亿年。火星是太阳系由内往外数的第四颗行星，在太阳系中仅次于水星，是排行第二小的行星。火星是一颗很亮的行星，它的亮度达到了 2.94 视星等，只有木星、金星、月球和太阳超过了它。从地球上肉眼很容易看到火星，也很容易看到红色星球的真面目。

火星的公转轨道呈椭圆形。它距离太阳的近日点约 2.07 亿千米，远日点约 2.49 亿千米，平均距离或半长轴约 2.28 亿千米。在一个火星年中，火星距离太阳的远近会有 3 000 万千米的变化。地球的变化距离只有 300 万千米。火星的公转周期大约为地球公转时间的 2 倍。

火星是距离地球第二近的行星。它距离地球的近地点约 5 500 千米，距离远地点约 4 亿多千米。火星的自转周期，也就是一天约为 24 小时 37 分，比地球长半个小时。火星的自转轴与它的公转平面有一个约 25.2° 的夹角，因此，火星也有了一年四季的变化。由于火星围绕太阳公转一圈大约需要两个地球年，所以火星上的各个季节长度也比地球上的季节长度长两倍。

火星的直径大约 6 794 千米，大约是地球直径的一半，几乎是个大圆球。火星的表面重力大约为地球的 38%。火星的自转周期、季节循环与地球相似，轨道倾角也比较相似。在肉眼可见的天体中，红色星球——火星与众不同，令人神往。

火星，一颗类似地球的行星。

火星的内部结构与地球很相似。它的内部结构从外向内分为 3 层：地壳、地幔和地核。

火星地壳厚度在 30~100 千米，平均厚度为 65 千米，由类似地球的玄武岩构成。火星地幔的成分也与地球相似，由富含橄榄石的岩石组成。火星核心由铁和少量镍混合而成，半径约为 1 700 千米。

火星：红色的神秘星球

科学家发现火星曾拥有熔融核心和全球磁场。40 亿年前，火星的核心冷却得太快，完全凝固。核心的熔岩熄灭了，不再散发热量，熔融金属之间的对流运动停止。如果没有了熔融流动，就不会产生磁场，全球磁场逐渐消失。火星失去了全球磁场，没有了板块运动，变成一个离奇古怪、刁钻恐怖的星球。

火星，曾经是一个温暖、湿润的星球。那时，火星拥有浓密的大气和大气层。火星表面大部分都覆盖着液态水，拥有河流、湖泊和海洋。在大约 4.2 亿~37 亿年前，火星失去了大气层，大部分地表水也都消失了。

为什么火星会失去大气层？原来科学家一直以为：因为火星的引力太小，

吸引不住大气和大气层。最近研究表明：由于火星没有磁场和磁层保护，太阳风长驱直入。太阳风将大气吹跑，在太空中消失了。火星没有了大气层保护，大气云雨消失，地表温度骤降，液态水不再流动，最终全球沙漠化。

哦！太阳主宰着太阳系，决定着各大行星的命运和前途。太阳一声"咳嗽"，火星就"感冒"了。太阳稍微吹点风，火星竟变成另外一副模样。在火星失去大气的过程中，太阳扮演了重要的角色。这样的悲剧也在绝大多数行星上上演。非常值得庆幸的是，地球拥有一个炽热且巨大的核心，成了一颗绿色星球。

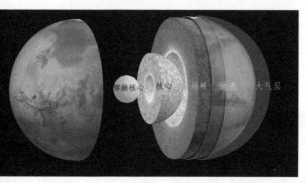

火星大气层很薄，只有地球大气层的 0.7%，大气密度约为地球大气密度的 1%，表面气压不到地球上的 1%。火星大气层主要是二氧化碳，比重高达 95.32%，大约为地球上的 52 倍，氧气只有 0.13%。二氧化碳无色无味，但高浓度就会令人中毒。因为几乎没有氧气和氮气，人类在火星上几分钟就

🔆 火星的内部结构

会被憋死。

火星的稀薄大气层，透光性很好，非常干净，只是偶尔会有云。天文学家可用天文望远镜观测火星表面。"你看！这个橘红色的荒漠世界，散布着黑色的大陆状的斑块，还有两个若隐若现的极地冰冠，凄凉而美丽！"

火星远离太阳，又缺乏大气层的保护，热量都跑到太空里了，很难保持温度，非常寒冷。火星地表的温差很大，最低温度 -143℃，最高温度 35℃，平均温度 -54℃，比地球冷多了。

谁也别以为火星就是一颗死气沉沉的星球。火星经常刮风，一般很温柔，有时也会肆无忌惮地狂飙风暴。当火星南半球处于夏季时，太阳辐射的多余热量，导致大气热胀冷缩，气候就会发生很大变化。小风吹拂，渐渐变大，形成超级风暴，号称"魔鬼尘暴"。

火星是一颗沙漠行星。风暴卷起沙漠中的沙粒，变成沙尘暴。火星沙尘悬浮，一阵阵的沙尘暴到处肆虐、横行霸道，把天空染成了粉红色。最剧烈的沙尘暴会让整个火星处于朦朦胧胧的气氛之中。但不用担心，火星上的沙尘暴不

超级风暴开始了

会把你吹跑和击倒，因为火星上的空气很稀薄。

2007 年 11 月 7 日，美国宇航局"火星侦察兵"探测器上的摄像机拍摄到一个火星沙尘暴，高度约为 20 千米。这个沙尘暴正沿着火星北部的亚马孙平原蜿蜒前行、摧枯拉朽、势不可挡。"火星侦察兵"揭开了火星沙尘暴之谜：甲烷冰层放电所产生的恐怖魔鬼尘暴。

为什么火星常"变脸"？

火星特别善于"变脸"。从火星表面，人类可以看到季节变化。火星上季节更替可以从极冠的变化看出来。每年一个半球到春季时，这个半球的极冠就会收缩变小，黑色的波纹蔓延到赤道。有人猜测：这是极冠的冰化成水，随着水从极地流向赤道，火星上的植被开始了新一年的生长。当然，这个猜想是错误的。有时，强大的季风席卷浅色灰尘，覆盖了黑色的岩石；有时，强大的季风吹散了浅色灰尘，造成颜色变化。火星像一个魔术师，愚弄地球人"看到"的东西，季节变化纯属一场火星欺骗地球人眼睛的骗局。

火星的天空呈褐黄色。这是火星沙尘暴将沙漠的沙砾带到了空中，呈现了褐黄色。当沙尘暴平静时，火星天空还是会成暗蓝色的。最近，"哈勃"太空望远镜发现火星的气候变化显著，火星比 20 年前更多云、更冷、更干燥。

火星很干燥，比撒哈拉沙漠还干燥。火星大气层很薄，液体水不能存在。火星两极的冰冠富含冰和干冰，可是在火星上的春天，极冠不会融化，而是直接气化。有时，冰会蒸发成水雾，瞬间消失。火星没有下雨的天气。

火星上的巨大火山在长年累月的喷发中，还给大气提供了充足的二氧化碳。二氧化碳可以保持火星很高的温度。高温为液态水的存在创造了条件。火星上确实存在着很像水流流淌，河流冲刷河道的痕迹。

火星为什么这样红？火星是一个大铁球，它的内核、地壳和表面富含赤铁矿、硅酸盐。赤铁矿经过氧化生锈，变成氧化铁呈红色，又称为铁锈色。火星地下的岩石和土壤不是红色，因为地下的铁质没有氧化生锈。在中国南方的很多地方都有一种红色的土壤——红壤土，火星上的土壤就很像这种红壤土。

↑ 火星表面

↑ 火星地理

**火星主要数据**

| | | |
|---|---|---|
| **轨道特性** | 远日点 | 24 920 万千米,大约 1.665 天文单位 |
| | 近日点 | 20 666 万千米,大约 1.381 天文单位 |
| | 半长轴 | 22 794 万千米,大约 1.524 天文单位 |
| | 偏心率 | 0.093 |
| | 公转周期 | 686.971 个地球日 |
| | 自转周期 | 24 小时 37 分钟 22 秒 |
| | 轨道速度 | 24.077 千米/秒 |
| | 卫星 | 火卫-1、火卫-2 |
| **物理特性** | 赤道半径 | 3 396.2 千米,相当于 0.533 个地球赤道半径 |
| | 极地半径 | 3 376.2 千米,相当于 0.531 个地球极地半径 |
| | 面积 | 14 480 万平方千米,相当于 0.284 个地球面积 |
| | 体积 | $1.631\,8\times10^{11}$ 立方千米,相当于 0.151 个地球体积 |
| | 质量 | $6.418\,5\times10^{23}$ 千克,相当于 0.107 个地球质量 |
| | 平均密度 | 3.93 克/立方厘米 |
| | 逃逸速度 | 5.027 千米/秒 |
| | 赤道旋转速度 | 868.22 千米/小时,大约 241.17 米/秒 |
| | 表面温度 | 最高 35℃,最低−143℃ |
| | 表面压力 | 0.636 千帕,不到地球 1%个大气压 |
| | 倾角 | 25.19° |
| **大气成分** | 二氧化碳 | 95.32% |
| | 氮 | 约 2.7% |
| | 氩 | 约 1.6% |
| | 氧 | 约 0.13% |
| | 一氧化碳 | 约 0.08% |
| | 其他 | 水蒸气、一氧化氮、氢、氖、氪、甲醛、氙、过氧化氢和甲烷 |

美国"火星侦察兵"探测器上的激光测高仪绘制的火星地形图

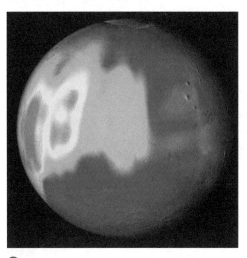

欧空局"火星微量气体"探测器以前所未有的高精度测绘了火星上甲烷的变化地图。这有助于确定火山爆发产生的甲烷是否会使生物诞生

 ## 4.2 绝美风景

火星拥有各种地形、地貌和地质：山脉、盆地、平原、高原、沙漠、环形山、火山、峡谷、河床等。这让人想起月球上的撞击坑，地球上的山谷、沙漠和极地冰盖。火星地形多变，荒蛮冷寂。它的北半球形成熔岩填平的平原，南半球是布满陨石坑的古老高地。火星的南北两极有水冰和干冰堆积而成的巨大极冠。

火星上的景观奇特壮观，旅游资源十分丰富，真有几个巨大的火星公园等待开发。虽然，火星的直径只有地球的一半大，表面积只有地球的

诺克蒂斯迷宫：太阳系最大的迷宫峡谷

日落时分的大风陨石坑

25%，可是它却拥有一大批值得自豪的自然奇观。

这是地球上、太阳系里没有的绝美风景。

第一个火星公园——塔尔西斯高原。

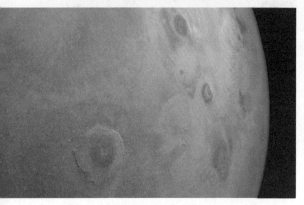

欧空局"火星快车"探测器拍摄的令人敬畏的火星塔尔西斯高原。照片展示了几个著名的盾形火山，包括巨大的奥林巴斯（左下）。火山活动时，就会向火星大气中释放大量的甲烷

塔尔西斯高原：左边是奥林巴斯山等5座火山，右边是水手大峡谷

塔尔西斯高原坐落于火星赤道、水手峡谷的西边。这是一个高9千米、宽3 000千米的火山高原。塔尔西斯高原拥有五大火山，奥林巴斯火山是最著名的一座火山，也是太阳系最高的山。

塔尔西斯高原是火星上最大的地理特征。这个几乎有北美洲那么巨大的高地，比周围的平原高出6千米，却是这个星球上最年轻的地区，年龄大约只有20亿~30亿年，布满了很多巨大的活火山。

第二个火星公园——陨石坑公园。

火星拥有三大景观：火山、陨石坑和大峡谷。陨石，是各种进入星球的彗星、太空碎石、小行星，号称"天外来客"。当陨石进入大气层时，会与空气摩擦，产生热量和火焰，变成流星，撞击星球，就会留下一个大坑——陨石坑。

火山和陨石坑都在星球上留下了大坑。那怎样区分火山和陨石坑呢？火山都高于地面，外表呈锥形或盾形，顶部有大坑——火山口。陨石坑很像甜甜圈，

它们一般都是低于地面，中间底，四周高，所以称为环形山。有的陨石坑很大，在环形山的中间露出一部分陨石。有些陨石坑很悲惨，还会被别的陨石再次砸中。

见证奇迹的时刻到了！当猛烈撞击时，陨石会撞碎火星的地壳和岩石。地壳和岩石的碎片会喷向四周和天空。由于火星的引力比较小，又几乎没有大气和大气层，极少数火星碎片会飞上太空。它们在太空流浪，甚至落到别的星球上。

地球上就有从火星飞来的岩石。截止到 2019 年 1 月，在地球上发现了 61 000 多块陨石，其中 224 块确认为火星陨石。为什么认定这些陨石来自火星？因为它们的元素和同位素成分，与火星上的岩石和大气气体相似。

在火星陨石中，科学家发现了构成生命的有机碳。这似乎印证了火星曾经存在生命。虽然火星陨石提供了火星的样本，但只有登陆火星才能窥探火星的真面目。

太阳系中最大的撞击坑——北极盆地！

2015 年 3 月 30 日，美国"火星侦察兵"探测器拍摄的塞里努姆福萨地区的撞击坑。陨石坑较新，约 1 千米宽，它的陡坡、边缘的喷出物保存完好，陡峭的内坡由沟壑雕刻而成

古斯夫陨石坑

大风陨石坑，直径为 154 千米。它的中间有一座层层叠叠的高山——陨石残骸，高出地面约 5 千米

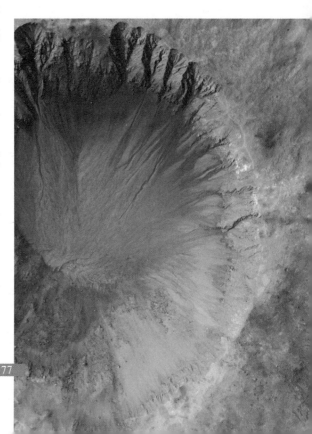

北极盆地，又称为北冰洋盆地。它是火星北半球的一个大盆地，覆盖了火星的40%面积以及北半球的大部分地区。北极盆地是太阳系中最平坦的区域之一，呈椭圆形。北极盆地包括阿西达里亚平原、阿卡迪亚平原、北极高原、乌托邦平原、蒂塔斯-伯里利斯平原。

🔭 北极盆地位于火星赤道以北的区域

科学家假设：这可能是一个巨大的撞击坑。一颗巨大的小行星正环绕太阳系飞行，这颗小行星大约占火星重量的2%，直径约为1 900千米。在半路上，它偶然遇到另一颗行迹不着调的小行星。它们擦肩而过，这颗小行星被轻轻碰歪了方向。它朝着火星飞驰而来，直接撞击到北极盆地。

科学家描绘了小行星撞击火星的景象：一颗直径1 600~2 700千米的小行星，以每秒6~10千米的速度撞击火星。这次撞击造成一个宽度为10 600千米，长度8 500千米的椭圆形陨石坑。后来，火山爆发使边缘隆起，掩盖了部分陨石坑。

火星好痛！北极盆地成为太阳系中最大的撞击坑，大约是乌托邦陨石坑的4倍。这次撞击导致火星地壳熔化，并在撞击后4 000万年内增加了地壳形成的速度。如此大的撞击扰乱了火星的地幔，改变了正常的对流，并引起上升流，从而进一步增加了撞击时的熔化量。

火星很可怜！小行星撞击火星也会增加火星内部的冷却速度。在火星北半球观察到的磁异常，可以解释小行星撞击火星的严重后果。因为小行星撞击火星产生的冲击波可能使地壳退磁。偶然，也会变成必然！火星可能也会由此失去了磁场，彻底改变了它的命运。

在希腊东北部，有一座著名山脉——奥林巴斯山。奥林巴斯的意思是天堂、天国。火星上也有一座大火山，被命名为奥林巴斯山。1972年，美国"水手-9"号探测器发现了奥林巴斯山，但是不知道其到底有多大多高。1976年，美国"海盗-1"号探测器测量了奥林巴斯火山。

天哪！奥林巴斯火山是太阳系最高大、最陡峭的火山，山脉绵延600千米，高达 26 千米，约是珠穆朗玛峰的 3 倍。奥林巴斯山是火星上最年轻的大型火山，也是太阳系中唯一一个从地面延伸到大气层之外的天然结构。

从太空看，奥林巴斯山像一个倒扣在地上的盾牌，所以称为盾形火山。它几乎完全由熔岩流构成，山顶火山口的中央凹陷，宽 60 千米，长 80 千米，深 3.2 千米。这可能是由于火山侧翼喷发，导致岩浆排出后反复崩塌形成的。奥林巴斯山由多达 7 个圆形的塌陷凹陷组成，这些凹陷说明了岩浆室的大小。

奥林巴斯山以东是塔尔西斯山，在那里，你能看见 3 座较小的火山：阿尔西亚山、帕沃尼斯山和阿斯克雷乌斯山。此外，奥林巴斯山上还有两个陨石撞击坑，它们被命名为卡佐克陨石坑、庞博切陨石坑，其直径分别为 15.6 千米、10.44 千米。

奥林巴斯山的形状明显不对称。它的侧翼有平缓的斜坡，由无数的熔岩流和熔岩通道组成。奥林巴斯山的年龄从 1.15 亿年到 200 万年，这表明奥林匹斯山很年轻，可能是一座活火山。尽管它现在非常安静祥和，但可能随时苏醒，爆裂喷涌。

奥林巴斯火山非常壮观。火山周围有一个清晰的陡崖，高达 8 千米，这是火星盾形火山中的一个独特特征。在一些地方，熔岩流覆盖在悬崖上，巨大的悬崖笔直向上，几乎环绕着整座火山。峭壁的高度几乎不可能有任何人爬上去。悬崖的一部分有一个斜坡，可能是熔岩流造成的。熔岩流与直接通向山顶的山体一侧相连，可以顺着斜坡登顶。

当你到达火星后，哪怕不是登山家，也一定会雄心勃勃地想要攀登奥林巴斯山。沿着这条山脊一直走到山顶登上太阳系最高的山峰，雄视八方，一览众山小。

太阳系最大的峡谷——水手大峡谷！

火星上有一条大峡谷——水手大峡谷，号称"火星大伤疤"，几乎横贯火星周围的五分之一。看上去，火星

🎧 "火星侦察兵"探测器俯瞰奥林巴斯山

火星的大伤疤——水手大峡谷

仿佛遭受过巨大的暴力，被猛烈地撕裂了一个血淋淋的大口子。1972 年，美国"水手-9"号探测器第一个发现了这个大峡谷，因此将其命名为水手大峡谷。

火星上分布着很多巨大的峡谷，最大的是水手大峡谷。水手大峡谷绵延 5000 多千米，宽 200 千米，一般深度 6~7 千米，最深 11 千米，十分陡峭。水手大峡谷大约从东至西方向，长度能跨越美国的全境，也能跨越中国的全境，非常险峻。

水手峡谷到底是怎样形成的呢？原来科学家认为：它是由于洪水冲刷河道而形成的。经过许多探测器考察后，科学家认为：水手大峡谷不是因为水的冲蚀形成的，而是由于地质断层形成的。大约 35 亿年前，火星上板块运动，或者发生地震，这儿的地层突然撕裂断开，从此留下了巨大的峡谷。

水手大峡谷，雄伟壮观，神奇震撼，鬼斧神工，巧夺天工！

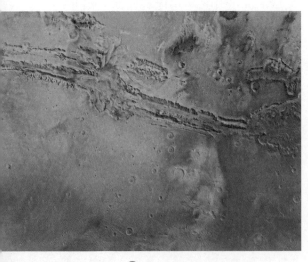

从太空俯瞰水手大峡谷

水手大峡谷的悬崖

# 4.3 红色猜想

火星上的水到哪儿去了？

当你来到火星南北极，一定会提出这样的疑问。

火星，曾经是一个温暖、湿润的星球。火星的大部分表面都覆盖着液态水。在大约4.2亿~37亿年前，火星失去了大气层，由于气压变得很低，火星表面不再能存住液态水，大部分地表水也都消失了。

现在可以告诉你一个秘密：火星上的水，远在天边近在眼前，它就在你的脚下。今天，火星上的水主要以冰的形式隐藏于地表之下，这些冰基本上都位于火星南北两极地区。火星南北两极的极地冰盖似乎主要由水构成。南极冰盖中的水冰体积极大，如果融化，大水将淹没整个火星表面，水深能达到11米，那时！火星就会变成"水星"了！

近年来，科学家们发现：火星的赤道地区也存在冰冻土层，尽管目前还不能精确地预测冰层的厚度，可能在地表以下几米处就存在着大量冰层。当温度升高，冰层融化，水就周期性地流淌出来，很容易就能找到。在最热的时候，液态水在短时间内能流淌到最低的地区

科学，总是会带来好消息！

2003年12月，欧空局"火星快车"探测器访问火星。2016年11月，美国宇航局报告，在乌托邦平原地区发现大量地下冰。据估计，水量相当于地球上面积最大的淡水湖——苏必利尔湖的水量。2018年7月25日，欧空局宣布：火星上发现了第一个液态水湖。同年12月，欧空局公布了"火星快车"拍摄的照片：科罗廖夫火山口的水冰。科罗廖夫火山口直径81.4千米，冰层厚度约1.8千米，直径约60千米，水冰蕴藏量大约2 200立方千米。

🔼 火星的南北极蕴藏着丰富的水冰

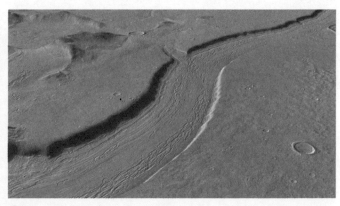

🔼 欧空局"火星快车"探测器拍摄的鲁尔·瓦利斯地区：这是水流的痕迹吗？

🔼 在很久以前，这些圆形的鹅卵石是在大风陨石坑的一条河流中打磨后形成的。这是"好奇"号火星车在霍塔遗址发现的

🔼 欧空局"火星快车"探测器拍摄：科罗廖夫火山口的水冰

啊，多么美好的发现！这简直令人惊叹，难以置信。

火星上有没有火星人？

当你游遍火星的各大公园,会遇见火星人吗？火星上存在火星人和智慧生物的猜想曾经很有诱惑力。19 世纪末，科幻小说的主题常常就是火星人。科幻小说描绘了各种火星生物的形态和生活方式，令人神往。

当时，科学家绞尽脑汁，用各种方法送给火星人问候的信息，让火星人知道地球上也有人居住。突然，一个科学家有了一个奇怪和大胆的想法：点燃巨大的狼烟，告诉火星人，地球人想跟他们说话交朋友。又一位科学家更是奇思妙想，他动员上万人到撒哈拉沙漠，同时举起镜子把太阳光反射向火星，通知火星人。

1892 年，法国科学院悬赏：谁能联系上火星人，就奖励 10 万法郎。当时，有的人反对：10 万法郎太多了！因为人类与火星人联系非常容易。法国科学院回应：这是值得的！许多老师、医生、厨师分别扔下学生、病人和顾客，天大研究与火星人的联络方法。有的乞丐、流浪者也罢工了，将眼睛瞄向火星：10 万法郎，比要饭好多了！

赫伯特·威尔斯是一位英国著名作家，以编写科幻小说而闻名。他与儒勒·凡尔纳、雨果·格恩斯贝克一起被誉为"科幻之父"。1898 年，他出版了新书《世界大战》，该书描写火星人不甘居住在沙漠星球——火星上。他们贪婪的目光瞄向了绿色星球——地球，在 1938 年 10 月 30 日晚，万圣节前夕，火星人发动了战争，占领地球。这是一个虚构的故事，但很多人看完之后感到毛骨悚然，准备逃亡北极或小岛。

火星是否存在生命？1976 年，美国"海盗-1"号和"海盗-2"号着陆在火星的表面，它们挖掘并分析了火星上的岩石，得出一个结论：火星干旱几十亿年了，不具备孕育生命的条件。

2018 年，"好奇"号火星车宣布：30 亿年前的岩石存在有机分子，火星远古可能曾存在生命。现在，火星长期存在甲烷。甲烷是诞生生命的最简单有机化合物，这是生命存在的标志。

在火星上发现生命，或许不会很遥远了。

火星是否存在生命

 # 4.4 火星摄影师

2006 年 3 月 10 日，美国宇航局的"火星侦察兵"探测器抵达红色星球。10 年间，它捕捉拍摄了超过 37.8 万多张照片。现在，咱们共赏一些最惊人、最奇怪、最漂亮的照片，让科学、艺术和想象力起飞。

## 1. 黑金鱼的舞蹈

这好像一群黑金鱼在舞蹈。火星上的二氧化碳冷冻成冰，称为干冰。干冰在南北极会形成巨大的冰盖。这张照片是火星南极的二氧化碳冰盖。当冰盖自下而上融化时，干冰不会变为液体而是直接蒸发为气体。

每年春天都会发生黑金鱼舞蹈的现象。当太阳在火星南极冰盖上方的地平线上窥视时，强大的二氧化碳气体喷发到冰盖的最上层。在稀薄的冷空气中，二氧化碳气体喷得很高，携带着细而黑的沙子，这些气体向周围喷射数百米。2011年7月1日，"火星侦察兵"拍摄了这张巧夺天工的照片。

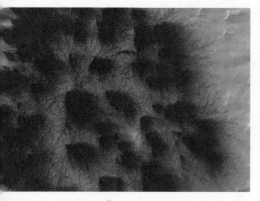

⬆ 黑金鱼的舞蹈

## 2. 丹青水墨画

这仿佛是一张彩色水墨画。清清的黄色十分飘逸，悠悠的深黄色非常雅致，暗暗的条纹也许隐藏着什么秘密，特别是那几抹淡淡的蓝绿色，散发出梦幻般的情趣。这是一座陨石坑里霜冻沙丘的照片。沙丘经常出现在陨石坑里的地面上，陨石坑底部的沙丘上有一层二氧化碳冰霜。

在冬季，火星北部高纬度地区，地面被干冰覆盖。当春天来临，陨石坑里的干冰融化，像冷冻雪糕一样融化为气体。在没有沙丘的陨石坑底部，干冰形成了一个不间断的冰层。在沙丘上，当冰下的二氧化碳气体蒸发并沉积在冰上时，会形成淡淡的蓝绿色条纹。有时，二氧化碳气体可能会沿着沙丘陡峭的表面滑落；有时，它可能会在蒸发下逃走。"火星侦察兵"于2010年1月1日拍摄了这张鬼斧神工的照片。

⬆ 丹青水墨画

## 3. 风与力的艺术

这不是摄影师在地球上拍摄的艺术照片，也不是火星探测器摆拍的太空照片。这张图片是火星诺亚奇斯–泰拉地区一个陨石坑的条状沙丘。在非常久远的年代，这里有一个未被填满的陨石坑。

由于沙量有限和风力作用，形成条状沙丘。在两个方向风力作用下，这儿恰好以合适角度，形成了条状沙丘。黑暗条纹是较高的沙丘。许多闪闪发亮的巨石散落在较低的沙丘。你看清了吗？2009年12月28日，"火星侦察兵"拍摄了这张雄伟壮观的照片。

### 4. 蓝色章鱼

根据地形、风力和含沙量的变化，沙丘的形状可分为：新月形沙丘、纵向沙丘、金字塔沙丘和蜂窝沙丘等。当沙丘形成的条件很好时，方向稳定的风和足够的沙量，就形成了新月形沙丘。新月形沙丘，又称为巴尔坎沙丘。"巴尔坎"一词是俄罗斯的一个术语，因为这种沙丘最初是在俄罗斯的沙漠地区被描述的。

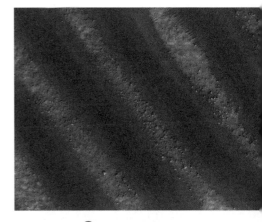

⬆ 风与力的艺术

这张照片很奇特，好像一条巨大的蓝色章鱼在灰色波浪的海洋里游动。错了！这些都是沙丘。火星的沙丘经常堆积在陨石坑的底部。

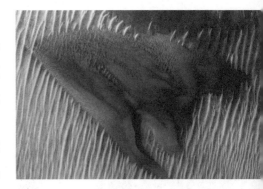

⬆ 蓝色章鱼

灰色波浪的海洋是许多条纹状的沙丘，而蓝绿色的地方是一个大型沙丘。

在利奥特陨石坑新月形沙丘群的南面，有一个结构较为复杂的大型沙丘。这个特殊的沙丘，看起来像散发着浅蓝色的绿松石一样。它是由更精细的沙子或不同的形状组成，比周围的颜色更鲜艳。2018年1月24日，"火星侦察兵"在利奥特陨石坑拍摄下了典型的新月形沙丘。

### 5. 彩色沙丘

2013年10月2日，"火星侦察兵"飞越诺亚希斯地拉陨石坑，拍摄了一张漂亮的照片。

这片沙丘位于火星上最古老的陨石坑之一诺亚希斯地拉的一个老陨石坑的地面上。在逆

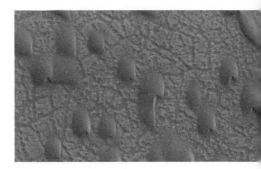

⬆ 彩色沙丘

风侧有一个平缓的斜坡，在背风侧有一个更陡的斜坡，通常会形成缺口。这种情况下的风来自西南部。观察火星上的沙丘，就可以知道风有多大，以及风向。如果定期拍照，科学家会看到沙丘的变化和沙丘表面的波纹。

照片中的颜色与我们用眼睛看到的颜色不同，因为增加了一种特别的颜色——红外线。我们的眼睛无法探测到红外线，但能用它分析火星表面的化学成分和形状。火星上的沙丘通常是深色的沙子，因为它们是由普通的火山岩玄武岩组成的。

在火星干燥的环境中，玄武岩中的黑色矿物，如橄榄石和辉石，不会像地球上那样迅速分解。虽然这种情况在地球上很罕见，但也发现了一些深色沙子，例如在夏威夷，那里也有许多类似火山喷出的深色沙子的玄武岩。

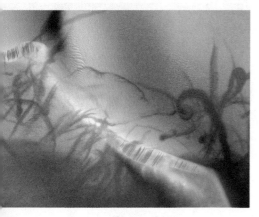

🌑 火星文身

### 6. 火星文身

这是谁呀？谁给这么细腻、漂亮的小肚皮文身了？竟文成黑不溜秋、乱七八糟的图案。你瞧！她将好端端的肚脐眼也文黑了，还文上了睫毛。真恶心！

不！这是火星上的尘埃恶魔——沙尘暴的杰作。当沙尘暴狂飙而来的时候，会刮走地面上的一切东西，暴露出地面上的土壤、岩石和一切物质。这时，地面上的颜色就会改变。在这种情况下，沙尘暴会描绘出令人惊叹的图案。

这是一张沙尘暴移动路径的照片。我们可以从中分析沙尘暴的数量、方向、大小、宽窄、长度、力度、速度和范围等。黄色、细腻、漂亮的"小肚皮"是火星的沙漠；那些一条条、一团团深浅不一的黑色，是沙尘暴移动的路径；那个又宽又长的是个大沙尘暴；那些较细较短的是小沙尘暴。"肚脐眼"那儿一定有一个沙尘暴盘旋良久。大片的浅黑色是大量小沙尘暴弥漫的整片区域。

### 7. 万顷良田

从远处看，这个陨石坑的底部像一个巨大的蜂巢或蜘蛛网，更像万顷良田的田野。这些多边形图案的田野，通常出现在火星北部低地地区。

这个多边形、拥有美丽图案的田野，色彩奇异，很漂亮，也很壮观。白色条纹似乎是田塍，有的白色条纹还是两条"田塍"，中间仿佛是渠道，咖啡色的多边形平地好像是田地。白色条纹实际上是沟槽或高坎。明亮的霜冻覆盖了沟槽或高坎。咖啡色的平地，没有霜冻。

科学家研究了"万顷良田"的地面认为，这是永久冻土受热收缩开裂的结果。因为"万顷良田"的现象和物理特征很典型。这有助于了解浅层地下冰、冰冻水的最近和过去，以及其分布状况。这些特征也提供了分析气候变化的线索。2012 年 4 月 1 日，"火星侦察兵"拍摄了这张奇异的照片。

⬆ 万顷良田

### 8. 火星"千足虫"

沙丘是火星上分布最广的风沙地貌之一。它们的分布和形态，对风环流和风强度的微妙变化非常敏感。这些为研究周围地形的沉积历史，提供了线索。

2012 年 4 月 1 日，"火星侦察兵"发现了一个神奇的地方，拍摄了这张精美的照片。这张照片最吸引人的地方是沿着沙丘延伸的山

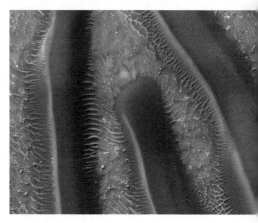

⬆ 火星"千足虫"

脊，形成了一种壮观的幻觉，我们仿佛看到的是几条千足虫。

如果放大照片，就能更详细地看清地形。"千足虫"的身体是巨大的高高的沙丘。那些细长的"虫腿"是一排排的长条沙丘。这即为"帕里多利亚"地形，也就是中间高、两边低的脊形沙丘——纵向沙丘。

### 9. "北极熊掌"

这是北极熊的脚印吗？这几个脚印，太像北极熊留下的脚印了，脚指甲印都惟妙惟肖。哦！这绝对不是北极熊的熊掌！这是火星北半球早春的景象。这些沙丘覆盖着一层二氧化碳冰——干冰。干冰会直接从冰变成气体，在一些沙丘的顶部可以看到蓝色裂缝。

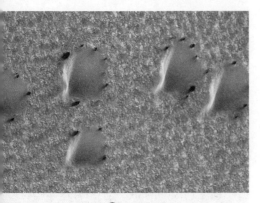
↑ "北极熊掌"

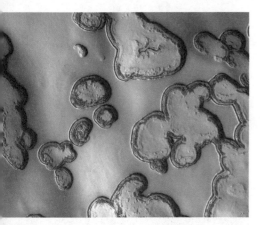
↑ 金丝花边

沙丘边缘的黑色扇形沉积物位于冰层升华和冰层破裂的地方。沙丘中的沙子从冰下逃逸出来，被风吹走了。这些蓝色裂缝就是想象中的脚指甲，这几个干冰蒸发的沙丘就是"熊掌"。2011年12月7日，"火星侦察兵"发现了北极熊掌般的脚印，拍摄了这张逼真的照片。

10. 金丝花边

2011年9月7日，"火星侦察兵"在火星南极附近拍摄了一张精美的照片。美国宇航局科学家觉得它们像发霉的面包片！中国人则觉得它更像中国丝绸刺绣的金丝花边。这简直是鬼斧神工！

这到底是什么呢？这是夏末时节，火星南极地区的一片干冰冰原。火星从冬季到夏季的温度变化非常大。冬天天气很冷，足以把二氧化碳从大气中冻结出来，变成冰原。当温暖的夏天到来时，干冰升华，直接转化成气体。

不过，在南极附近，天气仍然很冷。一些冰原全年都会结冰，甚至每年都会积累。从照片上看，一个个金丝花边的地方好像都高出冰原的冰面，其实，它们是一个个凹坑。照片中心的几个小型椭圆形凹坑直径约为60米。

这些凹坑坑壁的颜色很像一圈一圈的金边。这可能是灰尘混入冰中造成金边的假象。在一年的大部分时间里，这些金色、明亮的坑壁都被霜冻覆盖。当夏末解冻时，它们显示出了本色。

11. 幽灵"蜘蛛"

你会变魔术吗？你会设置一个诡异的场景吗？如果没变过魔术，那就大胆地玩一把，最好与别人打个赌，你肯定赢。你玩过干冰吗？当然是戴着皮手套玩！你吹口气，说一声"变"。非常有趣的是干冰会直接从固体变成气体，不像水冰在变热时融化成液体。手里的干冰一定会快速消失得无影无踪，而且无色无味。

在火星上，极地冰盖不是水冰，而是由干冰组成的。当春天来临，太阳照射在干冰上时，它从固体变成气体，并导致干冰表面侵蚀。这种侵蚀会呈现出令人难以置信的多样性。干冰变野了！干冰会变魔术了。它们变成了"蜘蛛"、"毛毛虫"或"星爆"的形象。这些都被命名为"蜘蛛形"地形。

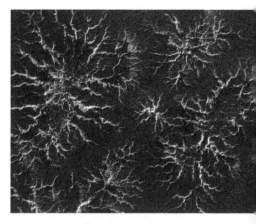

↑ 幽灵"蜘蛛"

2011 年 1 月 12 日，"火星侦察兵"拍摄了一张诡异的照片，号称"幽灵蜘蛛"。这些"蜘蛛"实际上是被侵蚀的河道，里面充满了白色、明亮的干冰，地面则是柔和的深咖啡色。夏天，冰层消失在大气中，就会看到干冰表面雕刻的幽灵"蜘蛛"，这是真正的火星地形。这种类型的侵蚀不会发生在地球上的任何地方，因为我们的气候太温暖，也没有干冰冰原和冰盖。

12. "魔鬼的爪子"

这个神秘手掌，到底是谁的呢？谁的手掌长成这样啊？

如果看那些细腻的纹路，磨砂般的粗糙，它像蜥蜴的爪子。不对！这蓝灰色的粗糙皮肤，随意扭曲的手指，似乎要轻轻搭在别人的肩膀上，将别人的命运捏在自己手里，更像魔鬼的爪子，谁看了都会浑身起鸡皮疙瘩！

2011 年 11 月 29 日，"火星侦察兵"拍摄了这张神秘的照片，命名为"魔鬼的爪子"。

它是诺亚希斯地拉撞击坑中的沙丘。各种形状、大小的沙丘和沙坡展现了物理过程创造的自然美。

沙丘是火星上最普遍的风成地貌之一，它们的分布和形状受风向和风力变化的影响。这些是沙丘侵蚀和沉积形成的特殊地形。蓝灰色

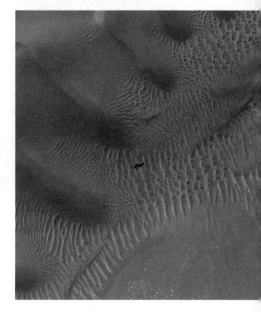

↑ "魔鬼的爪子"

的粗糙皮肤是一排排的沙丘。沙丘的形状、高低、大小、光线、明暗、影子、角度，虚构出了魔鬼的爪子。

13. 梦幻树

迷幻的色彩，梦幻般的仙境。如果朦胧看，有如美丽的眼睛和睫毛，忽闪忽闪的大眼睛，长长的睫毛，肯定是一位美女。如果细看，它则像一排排的树木，这些一排排的树丛，就像地球北极附近的树木一样。

2008年4月，"火星侦察兵"探测器在接近火星北极的地方拍摄了这张神奇震撼的照片。它看上去很像人的眼睛和睫毛，又像树木，但都不是。这些布满薄霜的粉红色的沙丘挤成一簇一簇，暗棕色的"睫毛"是沙丘的黑暗沙子。随着春日阳光，较薄的干冰融化流淌，清晰可见。

在这个沙丘的顶部，黑暗颜色的沙子从上面滑下来，露出深色的条状物。这些条状物看上去像矗立的树木，但是它们没有阴影。如果放大照片，就可看到，在拍摄的时候，粉红色、细细的沙子还在流动，所形成的微微的波浪和涟漪。

这张照片看起来非常像生长在沙丘中的树丛。实际上它们是干冰蒸发逸出气体而形成的"树丛"。干冰在底部融化成气体，朝着冰上移动。气体携带着黑色的沉积物，在逸出时沉积下来，变成"睫毛"、"树丛"。

"眼睛"、"睫毛"、"树丛"，这些都是错觉！其实是火星上漂亮的沙丘。这是光与影的杰作。请不要被眼睛愚弄了，眼见为实，有时也并非是真理！

梦幻树

美人痣、狂雪冰雹、闪电雷暴、超级风暴、剧毒海洋、美丽喷泉……非常诡异、奇葩和疯狂。宇宙之大，无奇不有！如何巡视那遥远迷幻的王国，解开浓密云层之下的谜底呢？你想欣赏一下木星的杰作吗？请稍等一下，惊奇马上开始！

# 5.1 星际信使

　　这儿！就在这儿！

　　这是一个亮点，一颗遥远的星球，还是一个迷幻的世界。

　　伽利略喜欢观察满天星斗，自制了几架天文望远镜。1609 年，他又制成了一架望远镜，放大倍数更高，看得更远、更清楚。1610 年 1 月 7 日晚上，伽利略架起望远镜，对准了这颗闪耀灰白色光芒、布满奇异花纹的星球——木星。

　　这是怎么回事？一个亮点！这是什么星？伽利略纳闷了:瞧！这颗星球仿佛眨着眼，悄悄溜过木星的身旁，但不离开木星。这是木星的一颗卫星吗？当时，天文学家只知道月球是地球的卫星，还不知道其他行星也有卫星。这个亮点是木星的卫星！这天晚上，伽利略确认了木星的第一颗卫星——"木卫-3"号卫星。这是人类第一次发现太阳系除月球以外的第一颗卫星。

　　第二天晚上，伽利略看到了"木卫-1"和"木卫-2"。当连续观测之后，伽利略发现木星两旁直线排列着 4 个亮点，"……不得了了！"他惊呼:"啊！天哪！这 4 个亮点会移动和互换位置，但一直在木星周围。"他肯定地判断:"它们一定是木星的卫星！木星共有 4 颗卫星。"

　　1610 年 3 月，他出版了第一本科学著作——《星际信使》。这本书向全世界宣布了天文新发现，完整地描述了观测结果。这让科学家们大吃一惊，震撼了整个欧洲。这一发现彻底推翻了一种错误、古老和唯心主义的学说——"地心说"。这个发现彻底改变了人类看待宇宙的方式：尊重事实，尊重科学，尊重真理。

木星，大约诞生于45亿年前。当时，太阳、八大行星和太阳系刚刚形成。木星的重力将漩涡状的气体和尘埃吸引进来，形成了气体巨星。木星占据了太阳形成后留下的大部分质量。所以木星是太阳系第五颗行星，也是太阳系最大的行星，其位于火星与土星之间，距离太阳约5.19天文单位，大约7.76亿千米。

木星的直径为14.3万千米，比地球直径约大11倍，能吞下上百个地球。如果将太阳系中的其他所有行星全塞进木星里，也会有剩余的空间。木星的质量是地球质量的318倍，超过太阳系其他7大行星总和的2.5倍。

木星是最重也是自转最快的行星。它拥有太阳系中最短的一天。它自转一圈的时间，只需要不到10个小时。木星围绕太阳运行一圈的时间大约需要12个地球年，也就是4380个地球日环绕太阳一圈，也称为一个木星年。它环绕太阳的轨道只倾斜了3°。这意味着木星几乎是垂直旋转的，没有季节变化。

🌀 银河系诞生

木星上的日子过得比太阳系中的任何行星都快。如果在木星上领工资，非常合算。如果在这儿过年过生日，那将要望眼欲穿，十分珍贵了。你一定想不通为什么木星那么大，自转却这么快？

木星，一颗巨大的气态行星

木星的大气成分与太阳等恒星相似，主要是氢和氦。在木星的大气深处，压力和温度升高，把氢气压缩成液体。木星拥有太阳系中最大的海洋，

⬆ 木星，诞生于45亿年前的造星时代

一个由氢而不是水组成的海洋。科学家认为：在木星中心一半的深处，压力变得如此之大，以至于氢原子挤离了电子。这样的话，液体像金属一样导电，还很容易被点燃。

事实上，木星与太阳等恒星一样，拥有相同的成分，但它并没有成长为太阳一样的恒星。木星会变成恒星吗？如果木星想变成一颗恒星，它的核心温度必须达到 100 万摄氏度。这才足以点燃热核反应，也就是氢聚变成氦的反应，释放出巨大的能量。

若要核心达到那么高的温度，木星的质量至少要比现在大 80 倍。木星无法获得这么大的质量，所以不可能成为一颗恒星。如果质量达到现在的 80 倍，木星就会点燃，从行星变成恒星。如果木星的液氢海洋和大气真点燃了，现在我们看到的木星就会变成一颗燃烧的大火球。

木星和地球上的天气是由不同的能源驱动的。地球上的天气主要是由太阳辐射的能量驱动的。太阳照射造成大气不同地方的温差，从而形成风，太阳能把海水气化形成雨。木星则完全不一样，它的天气动力的来源在内部。木星大气的温度为-150℃，非常寒冷。

木星，拥有超级风暴、闪电雪雹。

木星上一直是多云的天气，活跃着稠密的云团，各种颜色的云团像波浪一样在激烈翻腾着。由于木星快速自转，你能观测到与赤道平行、明暗交替的云纹。那些明亮的云纹是向上运动的云团，那些暗淡的云纹是向下运动的云团。

你在木星上看到的鲜艳的颜色，可能是从木星温暖的内部升起的含硫和含磷的羽状气体。木星的快速自转，大约每 10 小时旋转一次，形成强大的急流，将云层分割成黑暗地带和明亮地带，横跨很长一段距离。

木星盛行超级风暴，席卷一切，摧枯拉朽。木星上的风速一般每小时

木星：巨大的气球

335 千米，在赤道处的一些风暴，时速甚至达到 640 千米。由于没有固体表面减缓风暴的速度，木星的鲜艳斑点可以持续很多年。木星的大红斑就是一个巨大的超级风暴，大约是地球的 2 倍大，已经狂飙肆虐了几百年了。

为什么木星五彩斑斓？为什么地球上只有白色的云，木星上的云五颜六色？为什么木星表面会有一条条红、

木星：一个氢气星球，飘飘忽忽，但非常重

白、黄、褐的木纹状条纹呢？天文学家认为：由于大气运动剧烈，木星大气中的风向平行于赤道方向，形成了木纹状条纹，而不同的颜色主要是由木星大气中复杂的化合物造成的。

在木星上还能见到许多奇异景象。你相信吗？木星具有太阳系中最狂野的天气，会下雪、下冰雹、闪电和雷暴！木星有浓密的大气层，会产生与地球上类似的高空闪电和雷暴。由于温度太低，木星上会下氨雪，飘飘洒洒，非常壮观。

现在，你飞临木星上空，认真朝下看，一定会惊呆了。在巨大的暴风雪中，一阵阵闪电，此起彼伏。它的能量足以将地球上的任意一个城市气化掉，令其瞬间消失。木星大气中，几个大冰雹正在酝酿诞生。突然，它们失去控制，猛然砸下，似乎落入了茫茫的无底洞。

木星，一颗充满彩色云带、液氢海洋的星球。

木星是一颗巨大的气态行星，但没有一个真正的表面。这颗行星拥有大量气体和液体，飞速旋转，变化莫测。如果太空探测器飞临木星，将无法降落在木星上，也无法安然无恙地飞行。木星内部的极端压力和温度挤压，会瞬间融化和蒸发掉试图飞入的

木星：大雪、冰雹、闪电和雷暴

🔆 木星：超级风暴，升腾向上

航天器。

这颗气态行星的"天空"可能有3层完全不同的云层，高度大约5000千米。顶部云层可能是由氨冰构成的，中间层则可能是由氢硫化铵晶体构成，最内层可能由水冰和水蒸气组成。木星大气中，氢含量约81%，氦含量约18%。你想品尝一下木星的味道吗？氢和氦都无色、无味、透明，所以木星没有味道。

你相信吗？木星上有巨大的海洋。从木星的大气层顶部下降到几千千米以下时，你会发现一个巨大的海洋。木星海洋与地球上的海洋不同。这个海洋不是由水组成的，而是由可以导电的液态金属氢组成的。氢在几百万个地球大气压下，会形成液态氢，温度低到-252℃。

液氢与液氧是一种能量极高的燃料，常用于氢汽车的燃料，火箭、航天器的推进剂。如果火箭、飞船等航天器没有燃料了，想加点"油"，那就到木星的液氢海洋中抽出来点用，不亦乐乎？

在这个太阳系中最奇异的海洋下面，就是木星的地幔和核心。

木星拥有铁质核心、强大磁场。

木星的地幔和核心由熔融状的铁和硅酸盐矿物——类似于石英的物质构成。核心温度可能高达50 000℃。木星的内部应该存在铁质核心，拥有强大的磁场。目前，科学家还不清楚木星在更深处是否有一个固体物质构成的核心，或者可能是一个超热的核心。

科学家认为：木星自转极快，快速旋转会驱动电流，产生强大的磁场。地球磁场表面强度只有0.3~0.8高斯，木星磁场是地球磁场的16~54倍。木星的磁场束缚了许多太阳风中的带电粒子，形成了类似地球周围的范·艾伦带的带状环。如果带电粒子打到人类身上，人类就会一命呜呼。

虽然磁场看不见，摸不着，但非常壮观。木星沿着轨道运行时，磁场像拖着的大气泡一样，直径100万~300万千米，大约是木星本身的7~21倍。磁场

🔊 木星：彩色云带，五彩斑斓

逐渐变细，变成蝌蚪状的尾巴，在木星后面延伸超过 10 亿千米，一直延伸到另一颗行星——木星的轨道。

木星与巨大的磁场一起旋转，清除带电粒子。在木星附近，磁场会捕获大量带电粒子，并将它们加速到非常高的能量，产生强烈的辐射，轰击最里面的卫星，并可能损坏航天器。木星的磁场也激发了南北两极壮丽的极光，创造了太阳系最壮观的极光。

木星异常频繁和壮观的极光活动是如何产生的？木星强大的、快速旋转的磁场在行星周围的空间产生强大的电场。来自木星的"木卫-1"卫星——伊娥火山活动的粒子向外漂移，形成一个巨大的电子和离子库（红色）。这些被困在木星磁场中的带电粒子不断被加速，进入极地上空的大气层。因此，极光几乎总是活跃在木星上。

这是由日本"远崎"太空望远镜（左前景）和"哈勃"太空望远镜（右前景）对木星极端紫外线辐射的观测显示：木星极光突然变亮，可能是"木卫-1"卫星激发粒子的相互作用，也可能促进了这些极光爆炸，并不是与太阳粒子的相互作用。

长久以来，人们只要一提到木星的兄弟——土星，都会眼睛一亮：土星，漂亮的光环！

那么，木星有没有光环呢？天文学家曾经猜测，木星的周围环绕着大量尘埃，在木星附近应该也有一个尘埃层——光环，但一直未能证实。

1979 年 3 月，美国宇航局的"旅行者-1"号探测器考察木星，还真拍摄到了木星光环的照片。木星光环的形状像个薄薄的圆盘，厚度约为 30 千米，宽度约为 6 500 千米。它距离木星 12.8 万千米。木星光环也环绕木星运行，每 7 小时环绕木星转一周。它主要由许多黑色碎石构成，不反射太阳光，所以长久以来未被发现。

木星也有光环！这让人大吃一惊。木星共有 3 个光环：第一个为扁平的主光环；第二个光环由小而暗的碎片尘埃组成，称为云状光环；第三个光环，由

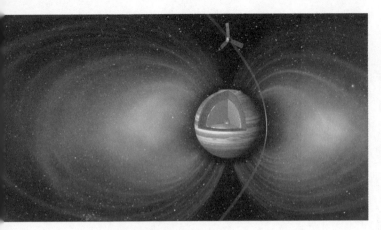

木星：铁质核心和强大磁场

"远崎"太空望远镜和"哈勃"
太空望远镜看见木星壮观的极光

于非常透明，称为"薄纱光环"。这3个光环实际上都是来自3颗小卫星（阿玛尔西亚、忒贝和阿德拉斯塔）的微小碎片环。

1995年12月，"伽利略"号木星探测器进入木星轨道。它的探测数据表明木星的光环可能来自4颗小内卫星。当流星体撞上这4颗小内卫星时，扬起的尘埃形成光环。主光环可能来自木星的"木卫-16"卫星——梅蒂斯的碎片和尘埃。

木星与土星一样拥有光环，但又细小、又微弱，很难看清楚。木星的光环由碎片和尘埃，而不是冰块构成，只有在太阳的照射下才可见。现在，各种探测器发现太阳系的4大行星——木星、土星、海王星和天王星都有光环，有的小行星、卫星也有光环。真是宇宙之大，无奇不有！

木星光环：从地球上就可以看见

木星也有稀薄的光环：许多黑色碎石

**木星主要数据**

| | | |
|---|---|---|
| 轨道特性 | 远日点 | 81652 万千米,大约 5.458 天文单位 |
| | 近日点 | 74057 万千米,大约 4.950 天文单位 |
| | 半长轴 | 77854 万千米,大约 5.204 天文单位 |
| | 偏心率 | 0.049 |
| | 公转周期 | 4332.59 个地球日,11.8618 地球年 |
| | 自转周期 | 9 小时 50 分 30 秒 |
| | 轨道速度 | 13.07 千米/秒 |
| | 卫星 | 67 颗 |
| 物理特性 | 赤道半径 | 71492 千米,相当于 11.209 个地球赤道半径 |
| | 极地半径 | 66854 千米,相当于 10.517 个地球极地半径 |
| | 面积 | $6.1419 \times 10^{10}$ 平方千米,相当于 121.9 个地球面积 |
| | 体积 | $1.4313 \times 10^{15}$ 立方千米,相当于 1321.3 个地球体积 |
| | 质量 | $1.8986 \times 10^{27}$ 千克,相当于 317.8 个地球质量 |
| | 平均密度 | 1.326 克/立方厘米 |
| | 逃逸速度 | 59.5 千米/秒 |
| | 赤道旋转速度 | 45300 千米/小时,大约 12.6 千米/秒 |
| | 表面温度 | 最高 −108℃,最低 −161℃ |
| | 表面压力 | 在 27 千米高度云层,20~200 千帕 |
| | 倾角 | 3.13° |
| 大气成分 | 氢气 | 约 81% |
| | 氦 | 约 18% |
| | 甲烷 | 0.3% |
| | 氨 | 0.026% |
| | 氢氘 | 0.003% |
| | 乙烷 | 0.0006% |
| | 水 | 0.0004%。冰由氨、水和硫化氢铵组成。 |

# 5.2 神奇的美人痣

1635 年 7 月 18 日，在英国怀特岛的一个小村庄——弗雷斯沃特，一个小男孩降生了。

这个小男孩就是后来英国最杰出的天文学家、物理学家、生物学家、发明家、博物学家和自然哲学家——罗伯特·胡克。

小时候，胡克是个多病的孩子。后来，他酷爱学习，钻研一切感兴趣的东西和事物，想象力丰富，对绘画很感兴趣，特别擅长制作玩具、模型和机械。

1660 年，胡克发现了弹性定律。1662 年，他被任命为英国皇家学会实验馆馆长。1665 年，胡克被任命为格雷欣学院的几何学教授。他对雪花的晶体结构进行了研究和图解，确认雪花是六角形结构。胡克提出用类似于蚕丝纺纱的方法，制造人造纤维的可能性。他利用显微镜研究化石，成为第一批支持达尔文进化论的学者。

1666 年，罗伯特·胡克利用钟摆的运动来测量重力，并证明地球和月球环绕太阳运行的是椭圆轨道。1672 年，他发现了光线会弯曲——衍射现象。为了解释这一现象，他提出了光的波动理论。

1678 年，胡克提出了描述行星运动的平方反比定律。后来，牛顿参照和使用了这一定律。胡克抱怨说："我没有得到足够的法律信誉，而卷入了与牛顿的激烈争论。"

胡克是一个真正的博物学家。他兴趣广泛，第一个提出：物质在加热时都会膨胀，空气是由粒子组成的。在短暂的一生中，他的研究主题十分广阔，包括天文、彗星、光的运动、木星的旋转、重力、人类记忆和空气的性质等。在所有的研究和论证中，胡克都利用了哲学，坚持实验和科学观察，采用最新的仪器。

胡克坚持真理，在力学、光学、天文学、物理学、化学和生物学等多方面都有重大贡献。他设计和发明了高级显微镜、反射式望远镜、风向仪、水平仪、气压表、万向接头等科学仪器，取得了重大的发现和成就。

罗伯特·胡克被赞为"伦敦的达·芬奇"、英国的"双眼和双手"、英国的"文艺复兴者"。

在微观世界，胡克利用显微镜，使生物学前进了一大步。1663年，胡克利用显微镜观察一块软木薄片的结构。"耶！它们怎么

英国的"双眼和双手"——罗伯特·胡克

看上去像一间间细细的小房间？"由此，他发明了"细胞"一词。1665年，他用显微镜观察植物组织，发现了细胞的外面都有一层膜，并命名为"细胞壁"。

在宏观世界，胡克利用天文望远镜，使天文学前进了一大步。胡克制造了第一架反射式天文望远镜，观察火星和木星。1664年，他在猎户座星系中发现了一颗星体——第五颗梯形恒星。他第一次暗示木星环绕着它的极轴旋转，并详细描绘了火星，确定了火星的自转速率。

"奇怪！木星上怎么会有一个大红斑？"1664年的一天，胡克第一次观测到木星美丽壮观的美人痣——大红斑。他首次观测了火星的旋转，发现了木星的大红斑、月球上的环形山和恒星的双星系统。

在物理学方面，胡克早在17世纪60年代就提出了太阳系各行星间存在万有引力的假设，并认为行星大多是球形星体。他的一系列实验证明了地球重力的存在。1679年，胡克给牛顿的信中正式提出了引力与距离平方成反比等理论。

1686年，牛顿发布《自然哲学的数学原理》一书，提出万有引力定律。牛

顿根本没有提起罗伯特·胡克的贡献，胡克控告牛顿剽窃了自己的成果。所以有的科学史学家认为"万有引力"姓胡，不姓牛。

1703年3月3日，胡克在寂寥中去世。他死后不久，牛顿就当上了英国皇家学会会长。胡克的所有研究成果、研究资料和实验器材全都消失了。胡克的一生分为3个阶段：早期，一个没钱的科学探究者；中年，获得了巨大的财富；老年，生病和知识产权争端。胡克在历史上似乎默默无闻，终身未婚，但在科学领域他却是个快乐的单身汉。

自从胡克首次观测到美丽壮观的大红斑，至今已有350多年。它一直令人欣喜和困惑。非常奇怪的是大红斑已经改变了大小、颜色和形状，但却从来没有完全消失过。大红斑，一个疯狂旋转的谜，它是怎么样形成的呢？为什么会有旋涡呢？彩色条纹到底是什么呢？

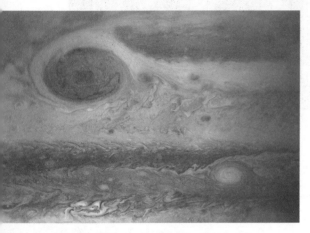

木星美丽壮观的美人痣——大红斑

大红斑之谜

科学家不断探索，终于解开了大红斑之谜。大红斑是木星的旋转风暴。它是一团激烈上升的气流形成的一个红白色的大红斑，是太阳系最大的风暴。大红斑位于木星赤道以南23°，从东到西最长时4.8万千米，最小时2万多千米；从北到南最长1.4万千米，最短也有1.1万千米。它高度约8 000千米，面积很大，大约能装下2个地球。而木星的彩色条纹和旋涡实际上是氨和水云形成的冰冷风暴，漂浮在氢和氦的大气中。木星在快速自转时，大气层中的云层变成带状，乱流形成了巨大的风暴和旋涡——大红斑。

大红斑是木星上最大的风暴气旋

和狂猛旋涡，持续了几百年。这个红色旋涡挟持狂风暴雨，以每小时 64 千米的速度狂飙。最令人惊奇的是，大红斑的旋转方向与移动方向相反。它还会变脸，过几年就会变成另外一副模样。最近，木星又开始"下蛋"了。木星上 3 个较小的"鸡蛋"，合并形成了一个小红斑，大约是大红斑的一半大。那它会变成另一个大红斑吗？

🔊 大红斑与地球比较：能装下两个地球

2011 年 8 月 5 日，美国宇航局"朱诺"号木星探测器发射，奔向木星。2016 年 7 月 5 日，"朱诺"号环绕木星飞行。在 20 个月的任务期，它观察大红斑以及周围的湍流区域。"朱诺"号用微波辐射计向下观察数百千米的大气层，感知来自行星内部的热量。

"朱诺"号揭示了大红斑的深层结构，以及木星其他的突出特征，如大红斑、大白斑、彩色云带、光环和极光。木星的大红斑和另一个奇观——大白斑，都是木星表面的特征和标志。2017 年 4 月 3 日，"朱诺"号证实：现在，大红斑的宽度为 16 350 千米。这约是地球直径的 1.3 倍。大红斑正在变小，甚至可能消失。

# 5.3 太空艺术

木星，遥远的朋友。人类已经发射了 9 颗太空探测器，近距离研究了木星。

"先驱者-10"号是第一颗飞越木星的太空探测器。"先驱者-11"号、"旅行者-1"号和"旅行者-2"号先后访问了木星。"伽利略"木星探测器第一次围绕木星运行，并将一个大气探测器送入风暴云。"尤利西斯"太阳探测器利用木星强大的引力，将自己抛入太阳南北两极的轨道。"卡西尼"号在飞向土星、"新视野"号飞向"柯伊伯带"时，都在途中探访了木星。

科学家们还利用环绕地球的"哈勃"太空望远镜和地面望远镜定期探测木星。2020年，美国宇航局的"欧罗巴快艇"起航，登陆器在"木卫-2"上钻孔挖掘，寻找生命迹象。2030年，欧空局"木星冰月"探测器将探险木星的3颗卫星。

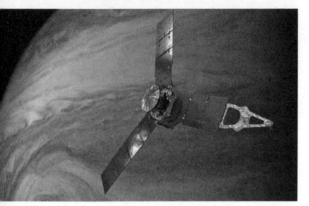

🔊 "朱诺"号木星探测器

2016年7月，美国宇航局"朱诺"号木星探测器抵达木星。它是第一颗研究木星神秘云层和内部的探测器。"朱诺"号发回许多令人震撼、珍贵的高清照片，以全新的视角介绍了这颗诡异又美丽的行星。

木星的容貌很漂亮，很像一幅描绘着彩色云带的图画。它五颜六色、华丽精美的图案，闪耀着艳丽色彩，随意扭曲变幻，创造了令人惊叹的奇观。彩色云带变化无常，神秘莫测，精彩画面一幅比一幅更漂亮。

这些鬼斧神工、巧夺天工、壮观震撼的画面，都是云层、旋涡变幻成的彩色云带和神奇画卷。木星仿佛是一个想象力丰富的艺术家，描绘着最神奇的画卷。

各国宇航局都公开了太空摄影的照片，展示科技、文化、艺术和想象力，普及科学知识。太空摄影赋予照片艺术、生命和灵魂。这就是太空艺术！

1. 大理石星球

2019年5月29日，"朱诺"号拍摄了这张华丽、令人惊叹的木星北半球风暴图片。当时，它正第二十次飞掠这颗气态巨行星，进行近距离观测。

🔊 大理石星球

突然，一些明亮的白云出现在木星右侧的高海拔地区，出现了螺旋形的乱云。科学家经常将这些云称为"弹出"云团。

无论谁看到这张照片都会惊叹：这好像不是木星，更像是一块精美的大理石。它的花纹流畅，变幻无穷，令人拍案叫绝。它的颜色丰富多彩、明暗迷茫，仿佛随意点缀。它让人浮想联翩，真想进入这个世界。

2. 蓝调风暴

2017 年 10 月 24 日，"朱诺"号第九次近距离飞越木星，拍摄了这张精美的照片。从照片中可以看到许多蓝色、扭曲、混乱的木星气旋。它们的直径大约都在 5 600~7 000 千米之间，半个地球那么大。在木星的两极，几乎所有气旋都是如此密集，以至于它们的旋臂与邻近的气旋明争暗斗，混搅在一起。

这张照片看上去一片寂静和冷漠，但蕴藏着特别的韵味。那些白色、灰色和浅色部分立体感极强，形成一层层、一圈圈的优美涟漪，仿佛流淌泉水叮咚的乐曲。柔和的曲线，让任何一位画家都自叹不如。冷色调的色彩，挡不住对美好的向往。

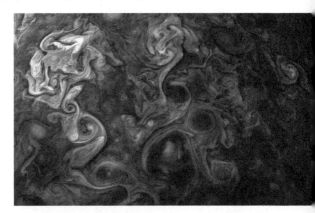

🔼 蓝调风暴

3. 木星"玫瑰"

2018 年 2 月 7 日，"朱诺"号第十一次近距离飞越木星，拍摄了许多艳丽的照片。这张照片捕捉到了木星北半球一个有明亮云顶的风暴的特写镜头。这是一副风暴们激烈争斗、摧枯拉朽、藐视一切的狂野场面。

如果让它变换一下风格，画面也许更美好。艺术家调整颜色，运用浮雕的技术处理了这场风暴。现在，这张照片简直像一朵粉红色的玫瑰，立体感更强，栩栩如生。真漂亮！

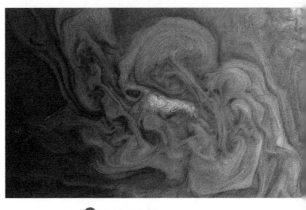

🔼 木星"玫瑰"

4. 高山流水

2018 年 5 月 23 日，"朱诺"号第十三次近距离飞越木星。这张壮观的照片捕捉到木星北温带喷流和旋涡的强度。北温带在中部偏左的突出的红橙色带，它的旋转方向与木星方向相同，以逆时针方向旋转。红橙色带内有两个灰色的反转气旋。这条明亮的北温带，飘浮着白云和灰云，这些云可能是由氨冰晶构成，也可能是氨冰和水的混合物。黑暗的部分正在下着暴风雨。

尽管画面看起来很混乱，但仔细一看就发现：这是一幅高山流水图。中间的黑暗部分是高山，上空飘着云层。左面是湍急快速的流水，右面是河流的悬崖和沙滩，旁边一定有一条江河，有着清澈的水流。

5. 木星"挂毯"

2018 年 4 月 1 日，"朱诺"号第十二次飞越木星，想要近距离研究木星的天气，了解大气和风暴如何起源，如何肆无忌惮地搅动大气层，如何神秘莫测地变化。它一不小心拍摄了这张鬼斧神工、艺术品一样的照片。

这张照片就像一幅色彩清淡、温文尔雅的挂毯。这些流畅的画面，天然的色调，无须再雕饰。其实，这是木星大红斑从最上边扰动并摧毁周围的南部热带云层场面。大红斑吹拂了一大片稀疏、黄色的卷须，将热带大气吹散、撕碎，引起旋涡缭绕，非常残暴。

高山流水

木星"挂毯"

### 6. 天堂地狱

2018 年 4 月 1 日，"朱诺"号第十二次近距离飞掠木星。从这张巧夺天工的照片可以看到木星北半球错综复杂的云层图案。这些颜色各异、大大小小的椭圆形蛋蛋，都是一个个风暴旋涡。有的朝左转，有的朝右转；有的撕破脸皮破相了，有的拉扯成碎片变形了，乱成一锅粥。

如果从艺术的角度看，这完全就是一幅描绘天堂地狱的警示图。上面部分黄色、温暖、平和，似乎是天堂。下面部分灰暗、嘈杂，象征地狱。

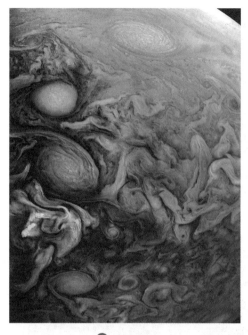

🔘 天堂地狱

### 7. 假面优雅

这时，木星南部温带地区的一块椭圆形旋转白云，正在盘旋。这种椭圆形白色旋涡，称小白斑或大白斑。它的特征是反气旋风暴。反气旋风暴是一种反向旋转的天气现象。这个风暴的风向与周围的风向相反。

2018 年 9 月 6 日，"朱诺"号第十五次飞越木星拍摄了这张优雅的照片。这张照片描绘了木星恬静、淡雅、精美、和谐的画面。如果告诉你，这些风暴正以 500 多千米的时速奔腾，

🔘 假面优雅

有的朝左旋转，有的朝右旋转，搏斗激烈，互相吞噬，请不要惊讶！

### 8. 雷霆万钧

木星的北部温带地区，激荡着许多壮观的旋涡云。在这个场景中，几个明亮的白色"弹出"云团，正变形成激流，以雷霆万钧之势，蓬勃向前。左上角

⬆ 雷霆万钧

⬆ 极速炫舞

⬆ 梦幻仙境

一个白色椭圆形的反气旋风暴——小白斑正优哉游哉地游荡。

2018年10月29日，"朱诺"号第十六次飞越木星，距离木星7 000千米，拍摄了这张令人震撼的照片。绚丽的色彩，磅礴的气势，透着气吞全球的力量、速度和穿透力。这是一场力量与力量的较量，胜负难测。

9. 极速炫舞

一场新的风暴已经形成！风暴中心竟是一个咖啡色的旋涡。这个旋涡极速旋转，似乎跳起魅力无限的炫舞。周边的大云层和小风暴挡不住旋转的力量和诱惑，纷纷被拉扯进入了恐怖的舞蹈，显示出各自的力量、速度、方向和范围。这场炫舞将搅动和吞噬小半个木星，说不定时间延绵几百年。

2019年2月12日，"朱诺"号第十八次飞越木星，对这颗气态巨行星进行观测。它捕捉到了木星北半球引人注目的大气特征。在这张恐怖的照片中，一个喷流区域内围绕圆形特征的旋转云已经爆发。当时，它距离木星的云层大约13 000千米。

10. 梦幻仙境

2019年5月29日，"朱诺"号第二十次近距离飞越木星。它在木星北半球捕捉到了一张五颜六色、错综复杂的喷流区域照片。这张照片令人如梦如幻，似乎走入了梦幻仙境。它清晰中带着朦胧，朦胧中突出了清晰，非常富有立体感。

科学家发现木星的云顶不是一个简单的平面。大气中的旋涡带深入木星，深度约 3 000 千米。在照片中，一片明亮的高空"弹出"云团，正从周围大气中冉冉升起。各种颜色的云团正在掀起风暴，速度每小时 600 多千米。

11. 宇宙黑洞

你看！这里四周都是荒无人烟的蛮荒之地，仿佛从没有人来过。这儿的气氛很平静，稍微还有一点优雅的味道。在这神奇的地方，还有一个巨大的黑洞。这是通往宇宙，穿越未来的黑洞吗？

2019 年 5 月 29 日，"朱诺"号第二十次飞越木星，它拍摄到了这张神奇的照片。这是木星喷射流区域中一个风暴中心的极暗旋涡。在风暴中心附近，其他风暴都显示明亮，高海拔的云层已经在阳光下悄悄飞飚。

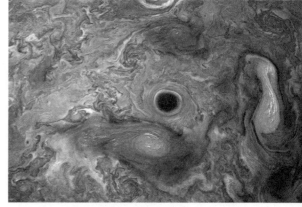

🔺 宇宙黑洞

12. 丹青迷雾

一支含苞待放的荷花？一朵羞答答开放的玫瑰？一个轻敷粉黛、即将成熟的仙桃？你看，多么漂亮、精致、梦幻般的彩色水墨画。这是谁画的？谁也猜不到！这是大自然的杰作，光与影的迷幻，也是科技与艺术的结晶。这张照片由摄像机上的红色、绿色和紫色滤镜拍摄，它仿佛一张中国彩色水墨画。

"木卫-1"的库兰·佩特拉火山是色彩最丰富的火山之一。你瞧！火山口渲染着淡绿色，熔岩从火山口的四面八方溢出，火山口右下部呈现出不寻常的咖啡色，可能流淌着硫黄或硅酸盐。火山口周围弥漫的红色物质是

🔺 丹青迷雾

一种硫化合物。

13. 思想的火花

"朱诺"号是世界上最先进的太空探测器之一。它装载了 9 台科学仪器，其中一架广角彩色摄像机，可以向地球发回彩色图像。一天，"朱诺"号捕捉到木星北半球众多风暴的特写镜头。

"这张照片非常富有立体感，非常像油画。咱们干脆将它变成油画，成为一幅艺术品。"艺术家说干就干，将这张照片输入电脑，轻轻一点油画格式，一幅抽象派油画诞生了。木星风暴竟然也可以变成艺术品，而且举世无双。对！只要多一点心思，就可以化普通为神奇。这幅抽象派油画的名字是"思想的火花。"

思想的火花

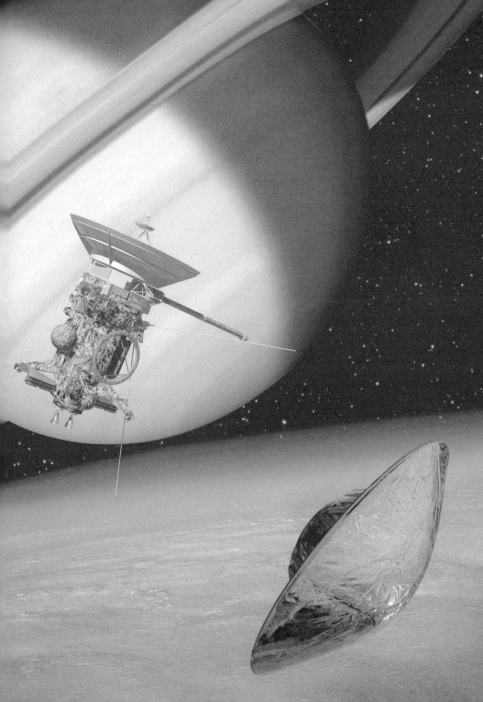

星星，还是那颗星星哟；土星，还是那个土星。在茫茫宇宙中，隐藏着无数秘密。只有认真、聪明的人，才能让思想绽放出花朵。撩开星星面纱，惊奇无处不在，就看怎样发现。

# 6.1 神奇的"耳朵"

　　谁第一个设计和制造了望远镜？历史没有定论。最可能的人是一位德国眼镜商汉斯·利波希。

　　1570年的一天，在德国的韦斯尔出生了一个大脑门、蓝眼睛的漂亮男孩，取名汉斯·利波希。长大后，他搬到荷兰的一个小镇米德尔堡，学习制造眼镜的技术。最终，他用各种方法制造眼镜，成为一名镜片磨制大师。16世纪90年代的某一天，利波希发现，将两片镜片前后移动，图像就会变大或变小。哎！真奇怪！

　　利波希脑洞大开，怎样将眼镜变成望远镜呢？让看近变成看远呢？怎样将眼镜变成显微镜呢？从看大变成看小呢！不久，利波希真的将眼镜变成了望远镜和显微镜。利波希成了望远镜、天文望远镜和显微镜的发明者。这不仅是视觉的扩展，更是思维的飞奔。

　　1608年，利波希向荷兰政府申请了他的发明专利。不幸的是，他的专利申请被驳回了。当时，荷兰贫穷，正想尽一切办法脱离贫困，奔向富强。利波希告诉荷兰政府："瞧！望远镜！这是我的发明。它可让世界远在天边，近在眼前，用于军事侦察和作战，还能挣大钱。"一个大官说："咱们国家很小，一眼望穿，也不打仗，用不着望远镜。"利波希崩溃了："老天啊！愚昧比贫穷更可怕！"

　　最终，利波希的专利申请成功。当望远镜的技术公布后，全欧洲的人都注意到了他的发明。意大利天文学家、科学家伽利略赞叹道："望远镜，非常重要！这可能看清地球和宇宙！"他利用利波希的技术制造了第一架天文望远镜，将放大倍数提高了 20 倍！伽利略用望远镜发现了月球上的山脉和陨石坑，看到银河系由恒星组成，并发现木星的最大卫星——"伽利略卫星"。

1619 年 9 月 29 日，在伽利略用望远镜进行开创性观测的几年之后，利波希在荷兰去世。月球上的一个陨石坑，还有小行星 31338 号都是以利波希的名字命名的。此外，最近发现的一颗系外行星也以他的名字命名。

"哈哈！太空的景象真漂亮！哪怕看一次，也永生难忘！"400 年前，意大利天文学家伽利略将望远镜对准了星空，把古老的天文学推进到了一个全新的时代。这是人类历史上第一次用望远镜认真观察土星。

望远镜，望穿时空的神器。伽利略大喊道："土星不是孤独的！它周围有两颗小星球平行排列。莫非这是土星的卫星？奇怪！这两颗小星球不会动，有时还会玩消失。"伽利略很迷惑，为什么土星吞下了自己的"孩子"呢？

科学，就是追求发现！一天，伽利略观测土星的时候，发现土星与别的行星不一样，土星的周围不是小星球，好像长着两个神奇的"耳朵"。"耳朵"会

意大利数学家、物理学家、天文学家伽利略

望远镜、天文望远镜和显微镜的发明者——汉斯·利波希

为什么土星会长"耳朵"呢

变化，有时还会消失。为什么土星会长"耳朵"呢？对这个奇异的天文现象，伽利略百思不解。

不久，另一个人揭开了这个谜团。他就是荷兰物理学家、天文学家、数学家惠更斯。

1629年4月14日，克里斯蒂安·惠更斯出生于荷兰海牙的一个外交官家庭。他的家族在科学、文学和音乐方面都有很深的造诣。小时候，惠更斯就在数学和绘画方面表现出了天赋，他思维活跃，兴趣广泛，总爱问这是什么？为什么？

法国著名哲学家、物理学家、数学家笛卡尔曾与惠更斯的爷爷通信：你的孙子在几何学上很有成就。1645年，他劝惠更斯去莱顿大学学习数学和法律。两年后，惠更斯进入布雷达学院学习，但他更喜欢天文学。

"滴答滴答，时间在流逝，怎样测量呢？"惠更斯发明了单摆机械钟，滴答滴答地摇摆，计算时间。这是世界上第一个精确的计时器。1666年，惠更斯成为法国皇家科学院的创始人和第一位院士。1673年，他出版了著作《钟摆振荡》。

惠更斯确定了向心力定律、动量守恒原理、时间测量理论，对数学、天文学、力学、光波学、时间测量理论，都做出了重大贡献。年轻的科学家常常被他的才华吸引，但惠更斯更喜欢独处，而不是团队合作。

1689年，惠更斯来到伦敦，见到了科学巨人——艾萨克·牛顿爵士。牛顿想与惠更斯合作，研究钟摆的数学和理论。惠更斯很傲慢，一直认为"我是一位杰出的天才"，他拒绝与牛顿合作，想为钟摆找到一个更好、更优雅的数学解释和科学理论。

这两位伟大的科学家经常争论。牛顿提出了光的微粒理论，惠更斯提出了光的波动理论。当时，牛顿的名声很大，科学家们赞成这位英国人的理论。一个多世纪以后，惠更斯的光波动理论推翻了牛顿的光微粒成就。世界这才正确地评价了这位荷兰科学家的理论。

在数学领域，惠更斯无法挑战牛顿，因为他没有研究微积分。他鼓励德国数学家戈特弗里德·莱布尼茨发表了微积分的论文。牛顿已经独立地发现了微积分，但还没有发表论文。这导致了关于牛顿和莱布尼茨关于谁第一个发现微积分的数学公式和理论的争论。

惠更斯一生钻研科学，从未结婚。惠更斯获得的科学成就仅次于牛顿。他在那个时代并没有得到崇高的评价和荣誉，但他确实极大地影响和促进了世界科学的发展。

1655年的时候，荷兰老乡汉斯·利波希的望远镜曾引起惠更斯的极大兴趣。惠更斯和哥哥康斯坦蒂恩一起，也研制出了望远镜。不久，他就总结出了望远镜理论，发现了折射定律，用来计算透镜的焦距。惠更斯利用研磨和抛光镜片的新方法，研制出更强大、更清晰的望远镜。

土星会长"耳朵"？真奇怪！为什么会长"耳朵"呢？惠更斯用一架新望远镜对准土星："我想看看土星为什么会长'耳朵'。"他看着看着就惊讶地发现：上帝啊！这颗行星不但会长"耳朵"，还有一个大月亮。惠更斯发现了土星的最大卫星——"土卫-6"。

科学，就是追求真实！惠更斯，号称"预言家"。1656年，惠更斯仔细观察土星的"耳朵"，也感到疑惑。这到底是什么呢？经过更精细的观测之后，惠更斯发现土星那两个像耳朵一样的东西，实际上是连在一起的。它像一个环绕土星的扁平状的圆环，闪闪发光。惠更斯发现了土星光环的真实模样。直到1695年，克里斯蒂安·惠更斯在海牙的破房子里孤独离世。他的名字与伟大科学一起，闪烁光芒，照耀世界。

土星怎么会长光环呢？光环到底

↑ 荷兰天文学家克里斯蒂安·惠更斯发现了土星光环

🔊 土星的"耳朵"是光环

是什么样子的呢?

当时,天文望远镜是富贵人家玩的,只花钱不挣钱。天文学,枯燥而冷僻,消耗光阴,只为科学做贡献。有一个人,他愿意为天文学奉献一生,无怨无悔。他就是名震世界、硕果累累,号称"小神仙"的天文学家——卡西尼。

乔凡尼·卡西尼,1625年6月8日出生于热那亚共和国佩里纳尔多,现属于意大利。他从小由舅舅养大,养成了努力学习、坚忍刚强、独立自主的性格。卡西尼在瓦莱本接受了两年的教育,然后进入热那亚的耶稣会学院。

后来,卡西尼在圣果托索修道院学习。他精通数学、诗歌和占星术,知识渊博。卡西尼提醒兄弟姐妹们,千万不要迷信占星术能预测未来和人生,那是一种忽悠人混饭吃的小把戏,天文学是一门以事实为依据的科学。1648~1669年,卡西尼担任潘扎诺天文台的天文学家,他还在博洛尼亚大学担任天文学教授。

怎样发现各种星球呢?各种星球都按照各自轨道运行,天文学家仔细观测了各个星球的位置、移动和亮度,就能区分出恒星、行星和卫星,计算出它们之间的距离和大小。当时,天文学家都用一架擀面杖一样粗的望远镜,观测太空,研究天文。

卡西尼花了很多时间观察土星、土星的卫星和土星光环。1665年,卡西尼发现木星那神秘的"美人痣"——大红斑;1671年,卡西尼发现了土星卫星——"土卫-8";1672年,他发现了"土卫-5";1684年,他又发现了"土卫-3"和"土卫-4"。

当卡西尼发现了新的土星卫星,天文学家都惊叹:真的吗?人类能在地球上看见12亿~15亿千米远的土星?还看见了它的卫星?真不可思议!卡西尼还测量了火星的自转速度,确定了木星卫星的轨道,并绘制了完整而精确的月球地图。

法国国王路易十四千方百计将各个国家的科学家邀请到法国。1669年,卡西尼移居到法国。在路易十四的资助下，卡西尼建立了巴黎天文台，担任第一任台长。1673 年，卡西尼成为一名法国公民，名字改为多米尼克·卡西尼。

科学，就是追求真理！

🔼 16 ～ 17 世纪的望远镜

🔼 当时的天文学家用这种简陋和单薄的望远镜，开始了宇宙大发现，创建了现代天文学

1672 年，卡西尼和同事让·里奇观测火星。他俩通过计算视差，确定火星与地球的距离。卡西尼提出了"视差效应"的理论。不久，科学家们利用视差效应，第一次计算了太阳系的大小，计算出了八大行星的排列和距离，为"日心说"提供了科学依据。

那时，卡西尼利用伽利略概述的方法，第一个成功测量了地球的经纬度。一天，法国国王路易十四邀请卡西尼吃晚餐。国王很高兴地说："卡西尼，你太能干了！你能测量经纬度，听说很准。咱们法国是欧洲大国，我这个国王都不知道法国到底多大。那你能不能精确测量一下法国的领土面积，到底有多大？"

卡西尼爽快地答应了！为了精确到个位数,他亲自监督和参加测量法国城镇和村庄的经纬度，精确测定了法国的面积。突然，卡西尼发现这个国家比人们最初预计的要小得多。许多法国人认为是他把法国的土地弄没了。卡西尼苦笑道：好心办坏事！科技并不是万能的，但是真实的。

卡西尼一直想不通土星光环到底是什么？ 1675 年，他认真观察和研究了土星的光环，最终确认：光环是由 3 条小光环构成，分为 A 环（外层）、B 环（中间）和 C 环（内层），每条光环之间都有缝隙，这些缝隙被命名为"土星环缝"。在 A 环与 B 环之间，有一道最大的缝隙。后来，这道最大缝隙被命名为"卡西尼环缝"。

许多人都不相信卡西尼的重大发现，"瞧！他又瞎说了。之前，他把法国领土说没了。现在，他又把土星光环说裂了。"大约在 1690 年，卡西尼第一个观测到，在木星大气中，有一颗反向旋转的卫星。所有的天文学家都表示怀疑：在木星大气中有一颗卫星？还反向旋转？后来，太空探测器证明卡西尼完全正确！

1709 年，卡西尼的视力开始恶化。1711 年，卡西尼几乎完全失明。1712 年 9 月 14 日，卡西尼在巴黎悄然去世。他的名字一直与太空探索联系在一起。一个美丽的星云，一个月球陨石坑，一个火星陨石坑均以他荣耀的名字命名。一颗世界上最先进的土星探测器，以他尊贵的名字命名——"卡西尼"号轨道飞行器。

 # 6.2 最美星球

土星，太阳系最美星球！自古以来，人类就知道遥远的天空有一颗庞大的星球——土星。土星是人类肉眼发现的距离地球最远的行星。

中国古代天文学家以金木水火土中的土命名土星。西方天文学家以古罗马神话中的神仙命名八大行星，以古希腊神话中的神仙命名各大卫星。天文学家以古罗马神话中的第二代神王、农神和财神——萨图恩命名土星。

土星，形成于 45 亿年前太阳系的造星运动。当时，土星的重力把旋转的气体和尘埃拉进来，形成了这个气体巨星。大约 40 亿年前，土星在太阳系的远处，也就是现在的位置定居了下来。

土星，距离太阳大约 14 亿千米，大约是地球到太阳的 10 倍距离左右。它是太阳系中距离太阳第六远的行星。太阳光从太阳到土星需要 80 分钟。太阳系有一个规则：行星距离太阳越远，环绕太阳的时间越长，温度就越低。土星表面的最高温度-139℃，最低温度-189℃，冷极了。

土星，直径约 12 万多千米。它是一颗几乎与木星一样大的气态巨星。土星是太阳系的第二大行星。它到底有多大呢？咱们将 9 个地球并排排列，还比土星直径小一些。咱们将 760 多颗地球塞进土星，才能塞满土星。

土星日短年长，土星自转一周，也就是一天，大约是地球日的 10.7 个小时。在极度寒冷的土星上，每天能迎接两次多太阳升起，多高兴啊！土星环绕太阳公转一周，也就是一年，长达约 29.5 个地球年，大约 10 767 个地球日。在土星上，一个人 30 岁才过一次生日。如果活不过 90 岁，第三次生日的生日蛋糕、生日快乐歌，也就等不到了！

土星：已经 45 亿岁了

土星来自气体和尘埃

土星在太空运行的姿势很妙。它的极轴倾角 26.73°，这与地球的极轴倾角 23°5′ 相似。这意味着土星像地球一样，也经历着一年四季、春夏秋冬。土星也有春夏秋冬，太好了！但非常可惜的是人类永远无法登陆土星。为什么呢？

土星是个大气球。土星是气态巨行星，像木星一样。它的大气层主要由氢气和氦气组成。这两种元素也构成了太阳，但土星变不成太阳。大气层覆盖了整个土星，云层的外表分布着微弱的条纹、急流、旋涡和风暴。它有许多不同的颜色：黄色、棕色和灰色。

土星很轻，轻得像个气球。土星是太阳系中唯一一颗平均密度小于水的行星，它的密度只有水的三分之二。它就像一个大气球，很大但很轻。你想玩玩土星漂浮吗？你一定很难想象土星在水里的情况，如果有一个巨大的海洋，土星就能乖乖地漂浮在大海上。

土星的飓风狂暴。"旅行者"号探测器在土星上侦察到一阵阵奇怪的飓风，旋转火焰状的旋涡云。地球上最强的飓风以每秒110米的速度向上移动，而土星赤道地区的风速达到每秒500米，每小时1800千米，比木星的风速还猛烈。飓风的压力十分强大，甚至能将气体挤压成液体，让人类瞠目结舌。

土星会下太阳系最大的暴风雪。每当位于近日点时，土星遭受更多的热量，引发极大的上升气流。当大量、酸溜溜的氨气飞快地上升到大气最高层时，它们就变成了铺天盖地的酸溜溜的雪花。那些时速超过1600千米的快速气流会立刻俘获雪花，雪花气流就会以数量加速度，变为酸溜溜的暴风雪。

土星暴风雪能覆盖几倍于地球的面积。你能看到一片巨大的覆盖上千万平方千米的白云，浩浩荡荡，势不可挡，它可持续横行几周到几个月时间。在地球上，你永远看不见这么大、这么强、这么酸、这么长时间的暴风雪。

土星北极有一个有趣的大气特征——六面喷流。最初，"旅行者–1"探测器发现了这种六边形的图案。后来，"卡西尼"号探测器观察更加密切。不得了！六边形的喷流跨度约为3万千米，这是一个时速322千米的波浪状急流，它的中心有一个巨大的旋转风暴。在太阳系的其他任何地方都没有这样的天气特征。

土星有一个热乎乎的铁镍心肠。

土星并不都是气体，它的中心是一个由铁、镍等金属融合的致密核心。核心大致分为3层：外层环绕着岩石材料，以及强烈压力和热量凝固的化合物；中层是一层冰冷的液态氢；内层是一个液态金属氢球，这个液态金属氢球类似于木星的核心，但体积要小得多。

土星有一个巨大的磁场。

土星：一个大气球，非常轻

土星：整天云雾腾腾，狂风暴雪

土星的磁场极大，比地球磁场大 578 倍，但比木星的磁场小一些。土星、土星环和许多卫星完全位于土星巨大的磁层内。在这个空间区域，带电粒子的行为受土星磁场的影响，比受太阳风的影响更大。

土星会激发美丽的极光。

当宇宙中的带电粒子沿磁力线旋转，进入土星大气层时，会在南北极发生极光。在地球上，这些带电粒子来自太阳风。土星的极光与木星的极光相似，几乎不受太阳风的影响。"卡西尼"探测器侦察发现：这些极光是由土星卫星喷射出的粒子和土星磁场的快速旋转共同造成的。地球上的极光起源于太阳，土星的极光却来自土星的卫星。科学家们一头雾水，不能完全理解。

你想在土星上玩玩吗？非常遗憾！土星没有一个真正的坚硬的表面。这颗行星的表面环绕着旋转气体，在更深的地方是液态氢。航天器将无处降落在土星上，也无法安然无恙地飞行。土星内部的极端压力和温度，会挤压、熔化和蒸发飞入土星的航天器。

这不要紧，咱们可以看看太阳系最精彩的奇观——土星光环！

🔊 土星的环境很恐怖

**土星主要数据**

| 轨道特性 | 远日点 | 151 332 万千米，大约 10.116 天文单位 |
|---|---|---|
| | 近日点 | 135 357 万千米，大约 9.048 天文单位 |
| | 半长轴 | 143 345 万千米，大约 9.582 天文单位 |
| | 偏心率 | 0.056 |
| | 公转周期 | 约 10 767 个地球日，约 29.5 个地球年 |
| | 公转的会合周期 | 378.09 个地球日 |
| | 轨道速度 | 约 9.69 千米/秒 |
| | 卫星 | 82 颗，已确认 53 颗卫星，等待确认 29 颗卫星 |

| | | |
|---|---|---|
| 物理特性 | 赤道半径 | 60 268 千米,相当于 9.449 个地球赤道半径 |
| | 极地半径 | 54 364 千米,相当于 8.552 个地球极地半径 |
| | 面积 | $4.27×10^{10}$ 平方千米,相当于 83.703 个地球面积 |
| | 体积 | $8.271×10^{14}$ 立方千米,相当于 763.59 个地球体积 |
| | 质量 | $5.684\ 6×10^{26}$ 千克,相当于 95.152 个地球质量 |
| | 平均密度 | 0.687 克/立方厘米 |
| | 逃逸速度 | 35.5 千米/秒 |
| | 赤道旋转速度 | 35 500 千米/小时,大约 9.86 千米/秒 |
| | 表面温度 | 最高−139℃,最低−189℃ |
| | 极轴倾角 | 26.73° |
| 大气成分（在60千米高度） | 氢 | 约96% |
| | 氦 | 约3% |
| | 甲烷 | 0.4% |
| | 氨 | 0.01% |
| | 氢氘 | 0.01% |
| | 乙烷 | 0.0007% |
| | 冰 | 由氨、水和硫化氢铵组成 |

土星：距离太阳第六远的行星

最美星球——土星

# 6.3 美丽光环

如果问土星最有魅力、最让人震撼的是什么？

土星的"钻戒"。这就是土星那最壮观、最美丽、最神秘、最耀眼的光环系统。土星光环像一枚钻戒一样环绕土星，熠熠闪亮。按照角度不同，它闪烁着各种色彩的光芒，这是太阳系行星中独一无二的光环。光环，让土星名扬天下。那么，土星怎么会佩戴"钻戒"呢？

土星光环由几千条宽窄不同的同心环带构成，土星光环有几个特点：

第一个特点：土星光环极宽。它的宽度达到 42 万千米，这比地球到月球的距离还远。

第二个特点：土星光环极薄。它的厚度不到 1 千米。

第三个特点：土星光环极多。它共有 7 条大光环，以及几千条小光环。

第四个特点：土星光环极快。它的速度极快，所以看起来像一条条圆环。

土星的 7 条大光环，从内向外分为 A、B、C、D、E、F 和 G 光环。在 A 环与 B 环之间确实有一道缝隙，宽度达到 4 700 千米。它就是卡西尼首先发现的"卡西尼"环缝。科学家纳闷了：为什么会有"卡西尼"环缝？这是一个谜团！

那些几千条狭窄、细细的小光环，非常同心，几乎都有细细的环缝。它们有的亮，有的暗；有的宽，有的很窄；有的边缘清晰，有的边缘模糊；有的表面泛起波纹，就像波纹纸板一样；有的表面却很平滑，像油光纸一样。

土星光环旋转极快。最有趣的是，它们环绕土星运行，但速度却不一样。特别是距离土星越近的光环，冰块、岩石和粉尘的运动速度就越快，甚至有的速度可以高达每小时 5 万千米。从我们的眼睛来看，高速飞行的冰块、岩石快

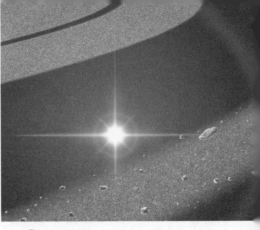

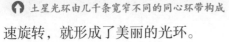
土星光环由几千条宽窄不同的同心环带构成

土星光环：极宽、极薄、极多、极快

速旋转，就形成了美丽的光环。

根据太空探测器的观测，土星光环由彗星、小行星、小卫星的碎片构成。

彗星、小行星、小卫星等都是飞越土星轨道的匆匆过客。当它们偶尔路过时，土星强大的引力拉扯、撕裂并粉碎了它们，它们之间又互相撞击，变成碎片、冰块和尘埃。最终，它们环绕土星运行，在阳光下变成了美丽的光环。

土星光环由数十亿个丑陋的冰块、岩石组成。大的冰块、岩石，有的像房子那么大，有的像小山一样大；小的冰块、岩石，有的像拳头那么小，最小的像冰雹那么小。光环中间弥漫着灰尘，这些灰尘、冰粒非常细小，铺天盖地，茫茫无边。

如果你搭乘飞船穿越光环，可以清晰地看到冰块、岩石都冻成了大冰坨，看起来大多是白色的。当进入黑夜，光环变得暗淡无光；当进入白日，在阳光的反射和折射下，光环放射各种光芒。从地球上看，光环永远那么壮丽。

土星光环可能非常年轻，仅仅几千万年。科学家又推测在遥远的年代，土星的一颗卫星遭受到土星强大的引力而解体成碎石，混杂冰块及尘埃，形成光环。由于土星的离心力，光环被越甩越远，越来越大，越来越薄。

你知道吗？土星光环偶尔也玩"失踪"。

伽利略第一次发现土星的"耳朵"，感到非常迷惑。两年后，他更加迷惑了，圆圆的土星还在，但"耳朵"却渐渐没了！过了十五六年后，"耳朵"

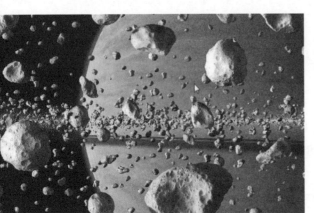
在阳光下，丑陋的碎石、冰块清晰可辨

又慢慢长大了。

现在，我们知道：土星会按照轨道变换倾角，也就是角度。土星每过 15~17 年，就会变换角度。当光环边缘朝向地球时，"耳朵"就消失；当光环的正面朝向地球时，"耳朵"就长大。

为什么土星光环会"失踪"呢？这是宇宙的魔法、星球的骗局！土星光环宽度达到 40 万千米，厚度却不到 1 千米，最薄处只有 100 米。这就像一张极薄的大光盘，如果我们从 100 米远处看这张塑料片，光盘竖着，能看到；光盘横着，就看不见了。最近一次光环边缘朝向地球是 2011 年左右。这些年土星光环"失踪"了。如果到 2025 年，土星光环又会神奇重现。

光环真会"失踪"！美国宇航局最新研究证实：几十年前，"旅行者-1"和"旅行者-2"号观测到的土星的标志性形象——光环，正在快速消失。在土星磁场的影响下，土星光环被引力拉入土星，碎石、冰块分崩离析，就像在下一场尘土飞扬的冰粒子雨。现在，它正以每秒 10 吨的力度，向土星下雨。最快半小时，冰粒子雨就能填满奥运会大小的游泳池。

土星并不是唯一有光环的行星。今天，我们知道 4 颗大行星：木星、

⬆ 美丽壮观的光环正在慢慢消失

⬆ 科学，解开了土星光环的秘密

⬆ 光环源自丑陋的冰块、岩石和粉尘

土星、天王星、海王星，都有光环。一些小行星、小卫星也有光环。但是，它们没有一个可以与土星华丽灿烂的光环相比。

如果感兴趣，你用一架小型天文望远镜，就能看见土星的美丽光环。科学家和艺术家崇尚土星的美好形象，追求科学知识，创造了许多精美的土星光环图片。它们已在此等候多时了，现在，请您光临土星光环，张开想象的翅膀，观赏美图！

 # 6.4 魔鬼星球

太阳系中的行星和小行星围绕太阳运行，卫星围绕行星和小行星运行。太阳系中已经发现了 200 多颗卫星，大多数卫星都是围绕着巨大的行星运行。

土星，拥有一个大家庭，子孙满堂，好像一个小型太阳系。土星总共发现了 82 颗卫星，已经确认了 53 颗，还有 29 颗等待确认。土星和他的"孩子"们，千奇百怪、诡异变化、神出鬼没，因此号称魔鬼星球。

土星的卫星形状、大小和类型各不相同。大多数卫星没有空气，但也有一些有大气层，甚至隐藏着海洋。卫星大小不等，"土卫-6"卫星很大，比水星还大，而有的小卫星就像运动场一样小。这些卫星各有特色，身怀绝技。如果进入土星家族，可以欣赏从"土卫-2"上喷出的水柱，穿越"土卫-6"上烟雾弥漫的甲烷湖，甚至能枕着浪花睡觉。

较大的卫星一般是球形的，但小卫星的形状往往相当丑陋。"土卫-16"普罗米修斯类似于地瓜，"土卫-17"潘多拉像腐烂的土豆，"土卫-10"杰纳斯像一个诱人的肉丸，"土卫-7"海碧尔琳甚至像一块海绵，"土卫-11"埃皮米修斯有些像肮脏的冰球。

最新发现的一颗卫星佩吉形状不规则，纹理粗糙。它可能是一个正在形成或正在解体的卫星，也可能根本不是一颗真正的卫星。土星的卫星像一个迷宫，到底隐藏着多少谜团呢？

目前为止，人类已经派遣了"旅行者-1"和"旅行者-2"兄弟、"先驱者-11"、"卡西尼-惠更斯"号4颗太空探测器，访问了土星系统。美国宇航局、欧空局和意大利太空局等17个国家联合研制了土星探测器——"卡西尼-惠更斯"号，号称"魔星敢死队"。"卡西尼"号是一个轨道飞行器，装载了一台雷达。"惠更斯"号是一个着陆器，能空降着陆并实地探测。

1997年10月15日，"卡西尼-惠更斯"号发射升空。"卡西尼"号花了13年多的时间，徘徊在土星、土星的82颗卫星的奇异世界里。它观察、倾听、嗅探，甚至品尝土星和土星的卫星。"卡西尼"号揭开了这些卫星们神秘的面纱，让它们各放异彩。

⬆ 土星的卫星

⬆ "卡西尼-惠更斯"号太空探测器

⬆ "惠更斯"号着陆器

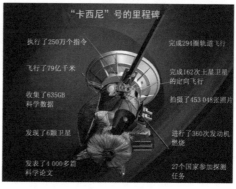

⬆ "卡西尼"号的里程碑

"卡西尼"号的里程碑

执行了250万个指令

飞行了79亿千米

收集了635GB科学数据

发现了6颗卫星

发表了4 000多篇科学论文

完成294圈轨道飞行

完成162次土星卫星的定向飞行

拍摄了453 048张图片

进行了360次发动机燃烧

27个国家参加探测任务

# 6.5 冰月卫星

　　"这是一颗新星！一颗土星的卫星！"1655 年 3 月 25 日，荷兰物理学家、天文学家和数学家惠更斯发现了土星的最大卫星——"土卫-6"。科学家用古希腊神话中的神仙家族——泰坦，来命名这颗卫星。

　　"土卫-6"来自哪里？科学家们还不能确定其起源。然而，它的大气提供了线索。"卡西尼-惠更斯"号探测了"土卫-6"，科学仪器测量了"土卫-6"大气中的氮同位素。

　　科学仪器发现："土卫-6"的氮同位素比率与奥尔特云中的彗星最为相似。奥尔特云在太阳系的最外面，围绕太阳公转，距离大约 50 000~100 000 个天文单位，非常大，非常远，那里拥挤着数千亿颗大大小小的冰球。

　　"土卫-6"的氮气比例表明，"土卫-6"形成于太阳系早期。它的血统来自一个由气体和尘埃组成的原始太阳星云。"土卫-6"不是来自土星更温暖的土星亚星云，莫非"土卫-6"来自奥尔特云，而不是土星的亲生骨肉？它是一个大冰球，经过土星时被俘虏了？如果这是真的，那"土卫-6"就与土星是"兄弟"，而不是"父子"。土星可能很生气，但科学追求的是真理。

　　"土卫-6"卫星是一颗冰月卫星。它的直径 5 149.4 千米，比月球直径大一半，质量是月球的 1.8 倍。"土卫-6"是土星最大的卫星，太阳系第二大卫星，比水星还大。木星的卫星"木卫-3"比它稍微大一点。

　　"土卫-6"距离土星约 120 万千米。太阳光到达"土卫-6"大约需要 80 分钟。由于距离遥远，太阳光在土星和"土卫-6"的亮度大约是地球的百分之一。"土卫-6"上的白天和黑夜的亮度差不多，都是黑乎乎的。

　　"土卫-6"早已被土星的引力锁定，动弹不得，只能一面永远朝向土星。

"土卫-6"的公转时间，也就是环绕土星旋转一圈，近16个地球日。它的自转时间，也就是一天的长度，也很漫长，需要花几乎16个地球日，才能欣赏到缓慢的日出和日落。

1944年，在惠更斯发现"土卫-6"大约300年后，美国天文学家杰拉德·柯伊伯激动地说："我发现'土卫-6'有一个大气层。"地球上的天文望远镜观测证明"土卫-6"的大气稠密且朦胧，它的大气层厚度比地球大气层厚2.5倍。

"土卫-6"的大气主要由氮气构成。这与地球一样，但其大气压比地球高50%。在"土卫-6"上呼吸，你不必用力，空气就嗖嗖嗖地往你鼻孔里钻，肺部始终胀鼓鼓的。

"土卫-6"是一个非同寻常的星球。在太阳系已知的200多颗卫星中，"土卫-6"是唯一一颗拥有稠密大气层的卫星。大气主要是类似于地球的氮气，它表面完全被金黄色的大气笼罩着。

"土卫-6"的重力只有地球的六分之一，大致相当于月球的重力。这意味着"土卫-6"上的雨滴与地球上的雨滴不一样。地球雨滴的最大直径约为6.5毫米。"土卫-6"上的雨滴直径可达9.5毫米，比地球雨滴大50%。

这还意味着一滴雨滴从天空中落下，比在地球上落得慢。地球的降雨速度约为每小时33千米，每秒约9.2米。"土卫-6"的降雨速度约为每小时5.6千米，每秒约1.6米。这比地球的降雨速度慢约6倍，好像慢动作。在"土卫-6"上淋雨，会是什么感觉呢？

听起来，"土卫-6"似乎有点异国情调。是啊！它是太阳系中最宜人的星球之一。"土卫-6"上的氮气非常稠密，人类只要加点氧气，就能将其调成类似地球上的空气一样，而戴上一个氧气面罩和宇航服主要是预防-179℃左右的寒冷啊！

科学家对"土卫-6"的内部结构，还不完全清楚。"卡西尼-惠更斯"号探测后稍微明白了一点。

🌑 "土卫-6"上的大气稠密、朦胧

"土卫-6"从里到外分为5层：最内层是岩石的核心，特别是含水硅酸盐岩石；第二层是一层特别的水冰；第三层是高压冰层；第四层是一层含盐的液体；最上面一层是水冰的外壳，冰壳表面覆盖着有机分子。这些有机分子以沙子和液体的形式，在大气中降落或沉淀下来，它表面被稠密的大气包围。

"土卫-6"是一个冰封的星球，它的表面是岩石、水冰、甲烷和乙烷。"土卫-6"上有云、雨、河流、湖泊以及甲烷和乙烷等液态碳氢化合物的海洋。最大的海洋有几百米深，几百千米宽。

"土卫-6"的表面是太阳系中最像地球的地方之一，尽管温度要低得多，化学成分也不同。这里太冷了，温度低至-179℃。水冰起到了岩石的作用，撑起外壳。"土卫-6"可能也有火山活动，但喷发的不是熔岩，而是液态水。"土卫-6"的表面流淌着甲烷和乙烷。这些甲烷和乙烷雕刻出河道和湖泊，湖泊里充满液态天然气。在太阳系中，只有地球和"土卫-6"的表面有液态天然气。

在赤道地区，巨大的黑色沙丘覆盖着大地，地貌相当恐怖。这些沙丘中的"沙子"是由黑色的碳氢化合物颗粒组成的。这些颗粒有点像咖啡渣。从外观上看，高大的沙丘与非洲纳米比亚沙漠中的沙丘并无不同。"土卫-6"上几乎没有撞击坑，这意味着它的表面非常年轻。

当年，"旅行者"号飞过"土卫-6"时，科学家们希望能看到"土卫-6"深藏不露的奇异外貌。非常遗憾，只能看见一颗隐藏在橙色云雾里的球形天体。根据重力测量和多普勒效应观测，"土卫-6"环绕土星运行时，会有非常轻微的摆动。它竟然还会跳"摇摆舞"！这让科学家刮目相看，追问到底为什么？

人类一共派遣了3颗太空探测器探测了"土卫-6"。美国"先驱者-11"、"旅行者-1"和"旅行者-2"号在飞越土星时，顺便拜访了"土卫-6"，进行了研究。2004~2017年间，"卡西尼"号长期在土星轨道上，飞行了13年，

🌐 "土卫-6"表面的岩石地貌

环绕土星飞越了 294 次，期间多次重力测量"土卫-6"。它的雷达和红外探测仪器窥视了"土卫-6"的阴霾。"卡西尼"描绘了"土卫-6"表面和复杂大气的详细地图，它发现"土卫-6"隐藏着一个地下海洋。

2005 年 1 月 14 日，"惠更斯"号着陆器降落到"土卫-6"地面。这是探测器首次在太阳系的卫星上着陆。它马上报告：我测量到"土卫-6"的冰层下，大约 55~80 千米的深处存在全球海洋。

2006 年 7 月，"卡西尼"的雷达在"土卫-6"北极附近发现了一个湖泊或海洋，面积约为 10 万平方千米，相当于 15 670 多个西湖，深度几十米。

全球海洋！大型湖泊！水量极大！太好了！"土卫-6"成为太阳系中极少数可能存在可居住环境的星球。"土卫-6"的海洋、湖泊、河流、液态甲烷和乙烷的海洋可能成为宜居环境,尽管那里的任何生命都可能与地球的生命大不相同。

在太阳系内，只有"土卫-6"和地球拥有河流、湖泊和海洋。在"土卫-6"厚厚的水冰外壳下，就是海洋。海洋可能是孕育生命的地方，"土卫-6"的海洋、湖泊和液态碳氢化合物，可能孕育着不同的化学物质的生命，也就是还不了解的外星生命。

但"土卫-6"也有可能是一个没有生命的世界。

2006 年下半年，"卡西尼"号用雷达绘制了"土卫-6"表面 20%的地图。它又报告：土星的橙色卫星——"土卫-6"北极发现了几十个湖泊，流淌着大量液态碳氢化合物，也就是石油。这里的石油湖泊含量是地球上所有已知石

"土卫-6"上的雷电、雨水和河流

"土卫-6"上的湖泊

油和天然气储量的几百倍。

地球上已探明天然气储量总计 1 300 亿吨，它为地球人类每年提供住宅供暖、制冷和照明，可用 300 年。"卡西尼"只探测了五分之一的"土卫-6"，就发现了几十个石油湖泊，这是多少资源和能量啊！

2006 年 2 月~2007 年 4 月，"卡西尼"号的合成孔径雷达在北极地区拍摄了一个大湖——丽姬娅湖。丽姬娅湖是"土卫-6"众多海洋和湖泊中的一个，是"土卫-6"上已知的第二大湖。它充满液态碳氢化合物，如乙烷和甲烷。

科学的魅力就在于：大胆想象，小心求证。

如果"土卫-6"上有外星人，会是什么样呢？从"卡西尼"号发送回来的图像看，"土卫-6"与地球相似，它甚至比地球更有魅力。"土卫-6"有浓密的冰冻大气层、橙色的烟雾。它距离太阳很远，比地球远 10 倍。"土卫-6"

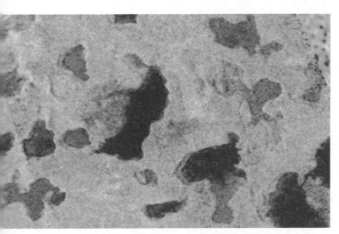

🔊 "土卫-6"上的石油湖泊

🔊 "卡西尼"号的雷达图像：丽姬娅湖

非常寒冷，表面温度达到-179℃，在那里，大部分的水永久性地结成了冰。

如果"土卫-6"上有生命，第一种可能是他们浑身长毛，非常耐寒。由于几乎没有阳光，他们会长得很矮小，甚至是像乌龟一样的爬行动物。第二种可能是"土卫-6"拥有全球海洋、热水喷泉，生命可能像鱼一样，生活在海洋里。

液体甲烷和乙烷是土星上唯一的液体。甲烷是最简单的有机物，天然气、沼气、坑气等的主要成分就是甲烷。在地球上，人类以水为生，过得自由自在。如果"土卫-6"上有生命，它们很可能靠吃液体甲烷为生。

生命需要液体。如果"土卫-6"上有生命存在，那么他们的血液中一定流淌着液体甲烷的成分。这就意味着外星生命身体的化学性质，与咱们人类完全不同。他们身体的化学分子一定由更多种元素构成。当然，外星生命体内的化学分子更加密集，化学反应也更强烈。

如果你闻一下甲烷，就会说：臭鸡蛋的味道！如果"土卫-6"上存在外星生命，可能浑身一股臭鸡蛋的味道。

"土卫-6"上的生命可能靠吃液体甲烷为生。"土卫-6"上含有硫和磷等化学元素，甲烷、硫黄都非常易燃易爆，你可以想象这些外星生命会非常容易爆炸。

生物的生存和生长，需要大量能量和热量。"土卫-6"远离太阳，太阳照耀的强度只有地球表面的 10%，热量很少。如果"土卫-6"上存在生命，最大的可能是苔藓一样的低级生命体。各种地球上活跃的动物、植物，没有在"土卫-6"上生存的可能性。

怎样探测"土卫-6"呢？

2017 年，一位美国宇航局科学家喊道："咱们应该再派遣第二批'魔星敢死队'——直升机，在'土卫-6'上飞行探测。"因为"土卫-6"上稠密、平静的大气层和低重力，直升机能在"土卫-6"上飞行比地球上更容易。

不久，"蜻蜓"号直升机研制成功。"蜻蜓"号直升机是一架 8 个旋翼的直升机，内部装载着各种探测仪器。"蜻蜓"号的尾部安装了一台钚燃料的核发电机作为动力，它能一小时飞行数十千米，比任何太空车都要远。

"蜻蜓"号上的科学仪器包括：摄像机、冲击钻、质谱仪、伽马能谱仪、显微成像仪、传感器、地震检波器和地震仪等，十分先进。摄像机拍摄全景照片，显微成像仪会拍摄一粒小小的沙粒，地震检波器和地震仪能探测地下活动和结构、冰层厚度和海洋深度等，冲击钻将钻探岩石和土壤，质谱仪分析化学成分和物理特性。

🎧 "土卫-6"上的生命长什么样呢

　　"蜻蜓"号是世界上第一架星际直升机。"蜻蜓"号的科学任务是采集表面材料，测量有机成分，探索环境的宜居性，调查益生化学成分，寻找生命迹象。"蜻蜓"号直升机将于2026年发射，2034年到达"土卫-6"。一场空中侦察大战即将开始！

　　一位科学家提议：咱们是不是研制第三批"魔星敢死队"——潜艇，深入"土卫-6"的海洋，用游泳的方法探索一下。太空探测器都是航天器、飞行器，至少也要有能在地上着陆或爬行的着陆器、太空车。潜艇飞行几年时间，在远在14亿千米之外的卫星上空降，再在剧毒的海洋里游泳，这简直是天方夜谭。

↑ "蜻蜓"号直升机空降"土卫-6"卫星设想图

↻ 仰视"蜻蜓"号直升机

　　但美国宇航局真的设计了一种无人潜艇——"大力神"号多功能潜艇，它能潜入"土卫-6"的甲烷和乙烷的海洋进行考察。"大力神"号潜艇看起来像一艘老掉牙的古董潜艇，实际上是高科技的结晶。它用热辐射发动机作为推进器，将要在非常遥远、极为寒冷恶劣的深海中，开展各种探测工作。

"大力神"号是世界上第一艘行星潜艇。按照计划，2040年，"大力神"号将飞往"土卫-6"，这将开创星球探测新方式。科学家设想：最好将"大力神"号潜艇空降在"土卫-6"的极地海洋——克拉肯·马雷一带。这片海洋面积大约39.88万平方千米，深度大约160米，其上的海流和潮汐比较正常。

为了安全降落在"土卫-6"，科学家设想了最佳空降方案：将"大力神"号潜艇藏在一艘飞船里面，它先环绕"土卫-6"轨道飞行，择机降低高度，并抛掉保护罩；这时，飞船打开飞机一样的飞翼，在大气层中飞行，当瞄准降落点后，飞船滑翔降落；最后，飞船一个猛子下潜到海洋，"大力神"号潜艇从飞船里钻出来，乘风破浪，开始探险活动。

"大力神"号潜艇远隔3颗行星，远达14亿千米，它怎样与地球通信呢？"大力神"号将每隔16个小时上浮一次，发射信号，传回地球。从固定地点发送和接收信号，都要花费1.5小时。

科学就是大胆设想，小心求证！科学就是将复杂问题简单化！科学就是化腐朽为神奇！"大力神"号潜艇能成功吗？请拭目以待！

请注意！前方就是太阳系最奇葩的"海绵宝宝"——"土卫-7"卫星。

1848年9月16日，美国天文学家威廉·邦德和他的儿子乔治·邦德发现了它。同一天晚上，英国天文学家威廉·拉塞尔也发现了"土卫-7"。这一发现归功于三个人。"土卫-7"以古希腊神话中的守护神——海碧尔琳命名。

2005年9月26日，"卡西尼"准备近距离飞越，侦察和拍摄"土卫-7"的照片。当慢慢靠近时，"土卫-7"突然放射强烈的带电粒子流，电压高达200伏。"卡西尼"马上触电，差一点死于非命。"土卫-7"沐浴在来自于太阳和土星的带电粒子中。它表面上很可怜，但浑身充满静电，随时会突然袭击外来物。天文学家早就预测：太阳系中应该存在很多带电天体。这次，"卡西尼"触电，终于第一次证实了这种带电天体。

"土卫-7"海碧尔琳是天文学家发现的第一颗非圆形的卫星，非常丑陋和不规则。它到底长得什么样呢？"卡西尼"近距离飞行，获得了一张"土卫-7"的照片。老天啊！它的形状很奇特，像一个腐烂的马蜂窝。

"土卫-7"有三大特点。

"土卫-7"的怪异长相——丑陋。它长410千米，宽260千米，高220千米。它是太阳系中最大、最不规则天体之一，号称"最惨不忍睹的卫星"。科学家猜测：以前，"土卫-7"很可能是一个较大的卫星，而现在的"土卫-7"是在一次重大撞击摧毁后留下的残骸。

"土卫-7"混沌旋转——瞎转。"土卫-7"每天都在不停地翻滚，变换自转的姿态和方向，昼夜交替混乱，根本无法预测。它每一天的时间长度都在变。今天10个小时，明天7个小时……谁都说不准。如果你登陆到"土卫-7"上，那就惨了。你看见太阳下山之后，不知道什么时候会又升起来了。也许1小时，也许5小时，也许30小时，你也不知道太阳会从哪个方向出来？哪个方向落下？为什么它的自转会乱七八糟呢？科学家还在研究中。

"土卫-7"的恐怖面孔——麻脸。"卡西尼"飞过时，看了一眼"土卫-7"。天哪！一张恐怖的"麻脸"。"土卫-7"密度较低，布满"气泡"，犹如一块海绵，号称"海绵宝宝"、"海绵卫星"。如果你踏上"土卫-7"，双脚可能会马上陷下去，像在雪地里一样扑哧扑哧地行走艰难。

为什么"土卫-7"会是奇怪的"麻脸"呢？科学家猜测"土卫-7"的主要构成成分可能是冰雪混合少量的岩石，非常松软。当陨石击中"土卫-7"，就会造成一个很深的大坑。这些"麻脸"都是各种形状和大小的陨石坑留下的痕迹，它到底遭受了多少打击和苦难啊！

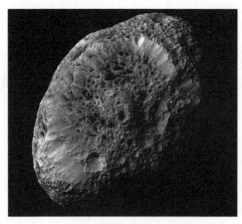

因为"土卫-7"是个"海绵宝宝"，所以极会变脸。它一天一个样，没有两天是一样的。这会让你很崩溃和好奇，明天，它又会变成什么样呢？

◀ "海绵宝宝"——"土卫-7"卫星

# 第 7 章
## 最 恐怖的星球
>>>

在遥远的年代，天王星与一颗星球发生碰撞。天王星被撞倒了，再也爬不起来，只能永远横躺着。它是太阳系中最冷的行星，但拥有极度高温的核心，能瞬间融化地球。它散发出臭鸡蛋味道，毒气弥漫、令人窒息。它拥有沸腾的海洋，拥有太阳系最高最大的悬崖峭壁，令任何人都不寒而栗。

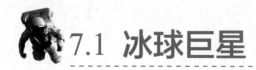 # 7.1 冰球巨星

天王星，散发着淡蓝、优雅的光彩。

天王星是人类用望远镜发现的第一颗行星，其彻底改变了人类对太阳系的认识。

天文学家约翰·博德认为，太阳系中大多数行星以古罗马神话中神仙的名字命名，而这颗行星很特别，那就以古希腊神话中的天空之神——乌拉诺斯命名。

天王星，大约形成于 45 亿年前的造星运动。当时，重力将旋涡状的气体和尘埃吸引进来，形成了这个冰球巨星。天王星很可能是在距离太阳较近的地方形成的。大约 40 亿年前它才移动到太阳系外，它的身世与邻居海王星一样。

天王星，是太阳系八大行星之一，从内向外的第 7 颗行星。它距离太阳 19.18 天文单位，大约 30 亿千米。太阳光到达天王星大约需要 2 小时 40 分钟，比到达地球的时间长 20 倍。一颗太空探测器以第三宇宙速度飞行，大约需要飞行 10 年才能到达天王星。

天王星最大直径 51 118 千米，体积仅次于土星，直径比地球大 4 倍。如果天王星像篮球那么大，那么地球就像一个大苹果。如果天王星是空心的，那么大约可以容纳 50 颗地球。天王星的质量很大，大约为 15 个地球质量，但

密度只有地球的四分之一。

天王星距离太阳非常遥远。你只能在非常晴朗的夜晚，才能肉眼看到天王星。天王星是一个黑暗的王国，它的白天和晚上没有多大区别。古代天文学家从来没有将它认为是一颗行星。以前，天文学家认为天王星是"太阳系中最无聊的行星"。因为乍一看，它不像其他行星那样充满活力和朝气。现在，科学家们证明这种看法都是错误的！

天王星是一颗谜语一样的星球，号称"短暂的一天，漫长的一年"。

天王星的公转很叛逆。在太阳系八大行星中，只有天王星和金星一样，顺

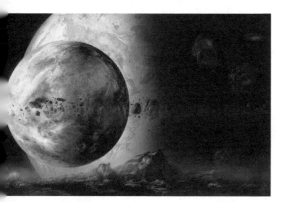

⬆ 天王星：诞生于45亿年前

⬆ 天王星：淡绿、优雅，像一颗蓝宝石

时针运行。它俩的公转方向与大多数行星的旋转方向相反，逆向运行。

天王星的公转很漫长。天王星环绕太阳一圈，也就是一个天王星年，大约30 687个地球日，约84个地球年。老天啊！一个人可能一辈子也活不过一个天王星年，如果想过个生日，几乎没门。

天王星的自转很短暂。天王星自转一圈，也就是一个天王星日，大约17小时14分钟。天王星上的一天，相当于地球上的大半天。你可以想象，在天王星上过日子，相当累人。如果你睡觉占8个小时，那只剩下大约9个小时来学习、吃饭和玩乐。如果你像地球上16个小时工作生活，那只有1个小时的睡觉时间。

天王星最大的特征是横躺着围绕太阳公转。由于极轴的倾角达到98°，天王星只能横躺着运行，姿势很怪异。为什么天王星是横躺着运行呢？它被谁撞击过吗？你猜对了！科学家猜测：在遥远的年代，天王星与一颗地球大小的星

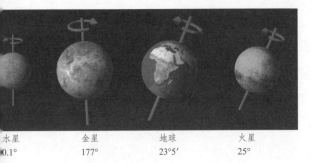

水星 0.1° 金星 177° 地球 23°5′ 火星 25°

水星、金星、地球和火星的极轴倾角

木星 3° 土星 26.73°

木星和土星的极轴倾角

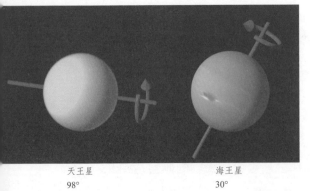

天王星 98° 海王星 30°

天王星极轴的倾斜度达到98°，几乎是横躺着运行

球发生碰撞。天王星虽没被撞碎，但被撞倒了，再也爬不起来了，只能永远横躺着运行。

天王星是一颗很悲惨的星球。由于天王星的公转周期约为 84 个地球年，而且又横躺着公转，因此产生了独特的现象：奇怪的白天、奇怪的晚上和奇怪的季节。当天王星的北极对准太阳时，太阳照亮北极，会造成 42 年的白天，同时南极就会有 42 年的黑夜。当南极对准太阳时，太阳照亮南极，会造成 42 年的白天，同时北极 42 年的黑夜。其余地区都是长昼或长夜，没有日夜交替。

天王星，远看像一颗发出淡淡白色和蓝绿光彩的蓝宝石，真漂亮！

为什么天王星总是散发出淡淡的白色和蓝绿色彩？科学家认为：天王星富含高浓度的甲烷气体。甲烷吸收红、橙、黄光，同时散射蓝光。因此，天王星呈现淡淡的白色和蓝绿色彩。这让天王星看上去更迷人、更优雅。

天王星的大气层越厚，密度就越大，它的大气主要成分是氢、氦、甲烷、重氢等。

您想品尝一下天王星的味道吗？天王星高层大气中的云层主要弥漫着硫化氢和氨气。硫化氢，无色、易燃、酸臭、有毒，低浓度时散发出臭鸡蛋气味。氨气，有强烈的刺激气味，非常呛人。这两种毒气都有刺激性臭味，具有腐蚀性，危害人体健康。哇！天王星闻起来很臭，臭鸡蛋的气味，比狗屁还臭。

如果你到天王星观光，一定要穿上裘皮大衣。这儿非常寒冷、多风。尽管海王星比天王星距离太阳远得多，但天王星却是太阳系中最冷的行星。它的表面最高温度为–197℃，最低温度为–224℃。

天王星上暴风肆虐，时速可达 900 千米。当风暴在赤道上时，逆向狂飙，吹向天王星自转的相反方向。而在靠近两极的地方，风暴会随着天王星自转的方向劲吹。这么别扭的风暴，在太阳系独一无二。

当你的飞船飞临天王星，你会发现：天王星上空旋转着流动气体。你的飞船在天王星上将无处降落，也无法安然无恙地在大气层中飞行。小心！这儿的极端压力、温度和风速会摧毁你坚固的飞船。

从现象看本质，天王星美丽淡雅的外表下，隐藏着狠毒的心。真是"不识庐山真面目，只缘身在此山中"。

行星，分为石质星球、气态星球和冰质星球。

天王星，是一颗巨大的冰质行星，号称"冰球巨星"。

当年，"旅行者–2"号探测器飞越天王星。它朦朦胧胧地报告：天王星上似乎有一个全球海洋。这个全球海洋覆盖了整个天王星，还是热水海洋。什么？冰球巨星——天王星竟然拥有全球海洋、热水海洋？这太不可思议了！

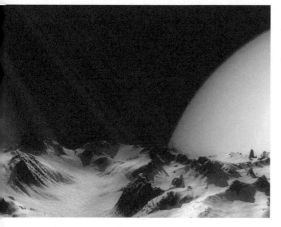

🎧 天王星：太阳系最冷的行星，最低–224℃

🎧 天王星的地貌：黎明看起来像什么

"旅行者-2"号报告：海洋的最高温度约为220~225℃。这么高温度的海洋，一定是沸腾的海洋。

天王星的内部可能含有丰富的重元素。它的地壳主要由岩石与各种成分不同的水冰组成；地幔由甲烷和氨的冰组成，可能含有水；内核由冰和岩石组成。在内核附近，温度高达4 982℃。科学家认为：内核蕴藏热水、氨和大量甲烷气体。

"旅行者-2"号探测：天王星的核心早已冷却下来，但温度还高达近5 000℃。地球上，熔点最高的金属就是钨。熔点，就是金属开始熔化的温度。钨的熔点是3380℃，它的硬度大、密度高、抗高温，常被用于做电灯泡的灯丝。天王星的核心温度竟高达近5000℃，能瞬间熔化地球上的一切。这是一个可怕的消息！

天王星有一个不寻常的、不规则形状的磁场。磁场通常与行星的旋转速度成正比。旋转速度越快，磁场越大。天王星的运行姿势倾斜，磁场也倾斜。它的磁轴倾斜近60度，并且偏离了行星中心的三分之一的半径。如果你在天王星上拿着指南针，绝对找不准方向，更找不准南北。

由于磁场不平衡，天王星上的极光与两极不一致，磁场尾部与太阳相对，延伸到太空数百万千米。非常神奇的是：天王星的磁场被自己的横向运行扭曲成了一个长长的螺旋形。如果能看见天王星那极大、扭曲和螺旋形的磁场，你一定会大呼：太漂亮了！

以前，科学家一直以为：天王星就是一个傻乎乎的大冰球，不知道它有多漂亮。

1977年3月10日，澳大利亚的柯伊伯天文台和珀斯天文台的天文学家在观测天王星。这天，天王星会在一颗遥远的恒星前面经过。天文学家渴望利用这个难得的机会，观测这颗遥远的行星。

天王星闪耀着13条细细、薄薄的光环，分为11条内环和2条外环。内环又窄又黑，放射红色光芒；外环颜色鲜艳，喷发蓝色光彩，很容易看到。光环宽度约10万千米，大小只有土星光环的三分之一。天王星的光环都隔得很远。8条宽10多千米，最外侧一条宽达100千米以上。

天王星光环的颗粒很小，从灰尘大小的颗粒到巨石不等。光环怎么来的

⬆ 天王星上的海洋

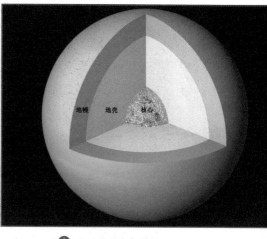

地幔　地壳　核心

⬆ 天王星的内部结构

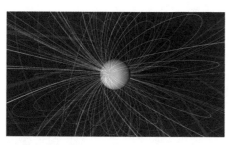

⬆ 天王星上的磁场：极大、扭曲和螺旋形

呢？一种情况是卫星在碰撞时破碎了，碎片形成光环；另一种情况是天王星捕捉和俘虏了冰块、尘埃和碎石，形成光环。科学家猜测：以前，天王星身旁环绕着多颗卫星，卫星们互相撞击，破碎形成光环。

天王星也是一颗多子多福的行星。

1787年1月11日，威廉·赫歇尔发现了天王星的卫星——"天卫-3"和"天卫-4"。1851年10月24日，威廉·拉塞尔发现了天王星的两颗卫星——"天卫-1"和"天卫-2"。1948年2月16日，美国天文学家杰拉德·柯伊伯发现"天卫-5"。"天卫-1"

"你看！这是什么？一圈又一圈，好像是光环。"科学家吓了一跳，获得了一个重大发现：天王星和土星一样，周围环绕着几条美丽的光环。土星等星球的光环是横的，天王星的光环是竖的。2003~2005年，"哈勃"太空望远镜拍摄了天王星的照片，又发现了两个外环。这两个外环是最大的光环，是以前已知光环直径的两倍。

在太平洋上的美国夏威夷群岛有一座火山岛，岛上有一座4145米高度的火山——莫纳克亚山。这儿远离城市的光污染和粉尘污染，具有得天独厚的地理和气候条件，非常适合天文学观测的需要。

眼界决定境界。1985年，美国卓越石油公司老板霍华德·凯克慷慨捐资7千万美元，在山顶上建造了凯克天文台。这儿矗立着两架世界上最大的光学和红外望远镜——凯克望远镜。每架望远镜口径10米，可以全天空观测遥远的宇宙星空。2006年，凯克天文台观测天王星，发现天王星的光环太美了！

天王星光环：细细、薄薄的光环　　　　　天王星光环：卫星们撞击，形成光环

到"天卫-5"都是大卫星和圆形卫星，直径在 500~1600 千米。

"情况很好，卫星很多！"1986 年 1 月 24 日，美国宇航局"旅行者-2"号探测器首次，也是迄今为止唯一一次访问天王星。它在距离天王星云顶 81 500 千米的范围内，发现了 10 颗新卫星、两个新光环和一个比土星磁场还强的磁场。

那就多看几眼吧！ 2005 年 12 月 22 日，根据"哈勃"太空望远镜拍摄的照片，美国宇航局宣布：在天王星周围发现了一对新的光环和两颗小卫星"天卫-26"马比和"天卫-27"丘比特。

目前，人类和太空探测器等已经在天王星周围发现了 27 颗卫星。以前，太阳系卫星的名字都来自古希腊神话，但天王星的卫星以威廉·莎士比亚和亚历山大·波普作品中的人物命名，独一无二。

天王星的卫星被分为 3 类：离天王星较近的内卫星 13 颗，远离天王星的外卫星 5 颗和不规则卫星 9 颗。内卫星似乎都是半水半冰半岩，外卫星到底是什么成分仍然未知，但很可能是被捕获的小行星。科学家发现：天王星的卫星们飞行轨道比较混乱。科学家推测：未来 1 亿年内，它们将会发生碰撞。

在遥远的以前，天王星与卫星们曾发生过一场场激烈的战争。天王星依靠强大的引力抓捕卫星。卫星们龇牙咧嘴，垂死反抗。现在，它们大都是表面黑暗的冰冻世界，有些是冰和岩石的混合物。最有趣的是"天卫-5"米兰达，它有冰川、峡谷、梯田和其他外观奇特的地貌景观。

天王星有点孤独！

美国宇航局的"旅行者-2"号是第一颗飞越天王星的探测器。 1986 年 1

月，"旅行者–2"号在9年内飞行超过30亿千米，终于到达了天王星的附近。它在飞行途中，大部分时间在"睡觉"，需要探测的时候被"唤醒"。美国宇航局飞控专家命令：

"注意！前方就是天王星。你必须快速通过81 500千米，掠过天王星，时间只有6小时。""旅行者–2"号真的掠过天王星，仅用了6小时，拍摄

○ 天王星与"孩子"们

了第一张天王星、天王星的卫星和光环的特写照片。"旅行者–2"号收集到了这颗神秘行星的许多关键信息。

天王星，看你往哪里跑！ 2006年1月19日，美国宇航局派遣"新视野"号在前往冥王星途中顺便拜访了一下天王星。"新视野"号在从木星到冥王星的8年星际旅行中，大部分时间都处于休眠状态。飞控专家每年都会唤醒"新视野"号50天，对仪器进行必要的检查。

天王星并不在"新视野"号飞越的交叉点附近。飞控专家命令："小屁孩，你睡醒了吧？请你拐个弯，侦察一下天王星。"2011年3月18日，"新视野"号飞掠天王星，远远地瞄了一眼。它成为第一颗飞越天王星轨道的探测器。

那么，人类能在天王星上居住吗？人类一直都在探寻地球以外适合人类居住的星球。科学家认为火星适合人类居住，那么天王星呢？

科学家认为：天王星的太阳光强度是地球的四百分之一，极为黑暗和寒冷。这个星球的温度、压力和环境太极端，太不稳定，生物体无法适应。天王星是气态行星，充满毒气。人类要是居住在天王星，可能不到1秒就会死亡。

○ 美国宇航局"新视野"号太空探测器

这就是天王星恐怖的原因之一。

天王星：昏天黑地，被毒气笼罩

天王星：远离太阳，极端寒冷

## 天王星主要数据

| | | |
|---|---|---|
| 轨道特性 | 远日点 | 300 442 万千米，大约 20.083 天文单位 |
| | 近日点 | 274 894 万千米，大约 18.376 天文单位 |
| | 半长轴 | 287 668 万千米，大约 19.229 天文单位 |
| | 偏心率 | 0.044 |
| | 公转周期 | 约 30 687 个地球日，约 84 个地球年 |
| | 自转周期 | 17 小时 14 分 24 秒 |
| | 轨道速度 | 6.81 千米/秒 |
| | 卫星 | 27 颗 |
| 物理特性 | 赤道半径 | 25 559 千米，相当于 4.007 个地球赤道半径 |
| | 极地半径 | 24 973 千米，相当于 3.929 个地球极地半径 |
| | 面积 | $8.115 \times 10^9$ 平方千米，相当于 15.91 个地球面积 |
| | 体积 | $6.833 \times 10^{13}$ 立方千米，相当于 63.086 个地球体积 |
| | 质量 | $8.6810 \times 10^{25}$ 千克，相当于 14.536 个地球质量 |

| | | |
|---|---|---|
| **物理特性** | 平均密度 | 1.27 克/立方厘米 |
| | 逃逸速度 | 21.38 千米/秒 |
| | 赤道旋转速度 | 2.59 千米/秒 |
| | 表面温度 | 最高−197℃，最低−224℃ |
| | 倾角 | 98° |
| **大气成分** | 氢 | 约82% |
| | 氦 | 约15% |
| | 甲烷 | 2.3% |
| | 氨 | 0.01% |
| | 氢氘 | 0.007%~0.015% |
| | 乙烷 | 0.0007% |
| | 冰 | 由氨、水、硫化氢铵，可能还有甲烷冰等组成 |

⬆ 天王星：皎洁的面庞，恶劣的性格

⬆ 天王星与其主要卫星比较

# 7.2 星星在召唤

如果是金子，总会发光。

在英国英格兰西北部，有一个兰开夏郡。当年，它是一个麦浪滚滚、牛羊成群的农业郡，但却是英国工业革命的发源地。

1799 年 6 月 18 日，在兰开夏郡的博尔顿小镇，一个小男孩出生了，他就是未来创造无数奇迹，号称"宇宙神眼"的天文学家——威廉·拉塞尔。他的父亲是个木材商人，辛苦了一辈子，也没挣到什么钱。从八九岁起，威廉·拉塞尔就在博尔顿学校读书，然后于罗奇代尔学院大学毕业。1815 年，全家人搬到了利物浦，住在诺顿街 18 号。拉塞尔在一个啤酒公司当了学徒。在那里，他最终成为一名酿酒师。拉塞尔说：我只要看一眼，就能分辨出上百种啤酒，了解每种酒的味道和特点。

1821 年，21 岁的拉塞尔朝气蓬勃，他摸索仿制了一架口径 19 厘米的望远镜，开始进行天文观测。这一看不要紧，拉塞尔的热情便进入了浩繁无垠的宇宙。从此，天文学成为他终身的兴趣、爱好和追求。

朋友们劝道：天文观测不能挣钱，没有钱怎么养活自己。钱不是万能的，但没有钱也是万万不能的！拉塞尔豪情万丈地说："星星在召唤！我要一边挣钱，一边进行天文观测。"1825 年左右，在当学徒 7 年后，拉塞尔创办了一家啤酒厂。

当年，利物浦即使不是世界上发展最快的港口，也是欧洲发展最快的。1830 年，英国第一条蒸汽运输客运铁路从利物浦通往曼彻斯特。1840 年开始，阿尔伯特等大型码头陆续建成，利物浦成为一座充满巨大能量的城市。来自爱尔兰的移民，前往美国和澳大利亚的乘客，铁路和码头的工人、水手，涌入这

宇宙神眼——威廉·拉塞尔60岁时的照片

拉塞尔：星星在召唤

座城市。他们都有一个共同爱好——啤酒。

利物浦啤酒厂生意很好。拉塞尔挣得了第一桶金之后，积累了大量钱财几辈子都花不完。他每天晚上都数钱，手指头都磨破了。拉塞尔决定：将财富用于天文事业！于是，他从一个爱财如命的商人，转身成为享誉世界的著名科学家。

热情激发创新！

以前，望远镜很小。如果想观测哪片天空，只能用手上下左右地移动方向。现在，望远镜越做越大，从木头的变成钢铁的，移动起来很麻烦也很费时费力。能不能建造一种自动变换角度和方向的望远镜呢？拉塞尔开始自己造望远镜，亲自磨制、抛光镜片，发明了很多加工工艺和制造技术。

1839 年，拉塞尔自制了一架镜片口径 22.5 厘米、镜筒长 3.1 米的望远镜。这是一种创新和革命性的望远镜。它的镜筒和底座都是用铸铁制成的。镜筒外安装了滚柱轴承，会 360 度旋转。望远镜安装在一个巨大的铁质圆盘上。铁质圆盘的下面安装了滚柱轴承和精密齿轮，也会 360 度旋转。

拉塞尔开心地说：它的动作非常完美。如果想启动或停止转动，手指只要轻轻一点，就可以随心所欲地变换望远镜的角度和方向。拉塞尔精巧的设计，让望远镜变成一种精密的科学仪器，也成为现代望远镜的鼻祖，意义重大且深远。

　　1844 年，拉塞尔建造了一架镜片直径 61 厘米、镜筒长度 6 米的反射望远镜。呦！这个镜片重达近 250 千克，拉塞尔无法用手工磨制和抛光这个大家伙。怎么办呢？于是，他设计了一台蒸汽动力驱动的研磨抛光机。这台机器是由拉塞尔的好朋友天文学家詹姆斯·纳斯迈思制造。

　　这台抛光机是后来所有大型光学抛光机的鼻祖。拉塞尔声称这些镜片的光学性能近乎完美，就像一块镜子一样。拉塞尔并不是夸口。1995 年，科学家

测试了这些保存在利物浦博物馆的镜片，经过光学测试，这些镜片能精确到超过四分之一波长的光，非常精准。

　　拉塞尔自己设计建造了这架反射望远镜，它被送到英国格林尼治皇家天文台。在那里，拉塞尔为望远镜安装了一个会转动的圆顶，称为拉塞尔圆顶。现在，各个天文台的望远镜圆顶，都源自拉塞尔的奇思妙想。这些发明创造奠定了拉塞尔作为科学家的

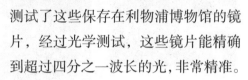

⬆ 拉塞尔的自动旋转望远镜

⬆ 天文望远镜圆顶：打开、关闭、旋转、升降

⬆ 天文望远镜打开天窗

## 天文望远镜

　　天文望远镜，是专门进行天象观测和天文研究的望远镜。天文望远镜大多安装在高山上，居高临下，观测宇宙。天文望远镜分为：光学望远镜、射电望远镜、红外望远镜和太空望远镜等。

美国圣·何塞利克天文台的光学望远镜

澳大利亚的射电望远镜

美国哈斯塔克天文台的射电望远镜

中国科学院国家天文台射电望远镜，口径 500 米

国际声誉和地位。

怎样开阔视野？怎样观测到更大、更远的星空？

在地球赤道上能看见更辽阔的星空。拉塞尔将一架大型望远镜安装在靠近赤道的国家——马耳他，就是"最佳天空位置"。这是第一架安装在赤道地区的望远镜。

1846 年 10 月 10 日，拉塞尔在位于英国利物浦的星空天文台观测。他看到海王星的旁边有一个小黑点。这是什么？拉塞尔仔细看了一下。奇怪！莫非这是一颗卫星？不太可能吧！但这确实是一颗海王星的卫星，这颗卫星的直径还不到海王星的十分之一。这足以证明拉塞尔的望远镜有多好。同年 10 月 14 日，也就是海王星发现 17 天后，他向《泰晤士报》宣布了这些

1846 年 9 月 23 日，德国天文学家奥本·勒维耶在柏林宣布发现了太阳系的一颗新行星——海王星。《泰晤士报》公布了新行星的坐标。这一惊人的消息迅速传遍英国。在 10 月 2 日和 3 日，拉塞尔成功地观测到了这颗行星。10 月 3 日，拉塞尔确信海王星有一个像土星一样的光环。

发现。这颗卫星被命名为"海卫-1"特里顿。11 月 11 日，拉塞尔的女儿玛丽亚描绘了一幅关于海王星、海王星光环和"海卫-1"的图画，震惊世界。人们才认识到：外面的世界很精彩，外面的世界很无奈。

1848 年 9 月 16 日，美国天文学家威廉·邦德和他的儿子乔治·邦德发现了土星的一颗卫星——"土卫-7"海碧尔琳。这天晚上，拉塞尔也发现了土星的新卫星"土卫-7"。他们三人共享了发现"土卫-7"的荣誉。

科学，日新月异。时间就是机会，时间就是奇迹，时间就是荣誉。机会与奇迹总是留给有准备的人。

↑ 海王星的光环

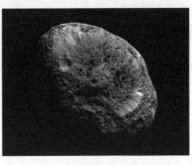

↑ "土卫-7"海碧尔琳：马蜂窝一样的卫星

两年后的一天，拉塞尔第一次看到了土星的内环。这些光环非常黑暗，很不容易看清。为了验证这个伟大的发现，他花了整整一晚的时间，记录各种数据和信息。拉塞尔寻思道："不错！土星确实有一道道的内环。明天，我就宣布这个消息。"

第二天早上，拉塞尔刚刚准备吃早饭，看见餐桌上的一份《晨报》。《晨报》上有一篇大标题文章：美国天文学家邦德发现了土星的内环。拉塞尔顿时天旋地转：我的发现怎么总是与邦德的发现撞车。每一次发现，我们总是同一天发现，而邦德却早我一天宣布。

1851 年，拉塞尔和另一位朋友斯坦尼斯·特里特前往瑞典，观察日全食。这次，他几乎让自己瞎了眼。望远镜聚焦太阳的强大热量，击穿了他眼睛里的玻璃体。拉塞尔几乎瞎了，什么也看不见了。

"……缺胳膊断腿掉脑袋都没关系，请保住我的眼睛。上帝保佑，出现奇迹！"奇迹真的出现了。拉塞尔的眼睛竟然慢慢好了起来。"你一定要休息，不能再用眼睛了。""不！我要到晴空万里的马耳他，星星在等着我！"

1851~1852 年，拉塞尔在马耳他进行全时空观测。1851 年 10 月 24 日，他在观测天王星时，同时发现了两颗天王星卫星——"天卫-1"阿里尔和"天

最亮的星星——拉塞尔

卫–2"翁布里尔。第二天一大早，拉塞尔就宣布了新发现。当时，只有祝贺的声音，没有异议的声音。他笑了："这回，没有撞车。"

1851 年，英国维多利亚女王访问利物浦。她特别邀请了唯一一位当地科学家——拉塞尔。据说，女王站起身来，尊敬地迎接这位天文学家走进议政厅。这是几乎闻所未闻的重大事情。拉塞尔非常谦逊，他说："我只是一个业余天文爱好者，群星之中的一颗小星星。"女王赞扬道："你是群星之中最亮的一颗星星——太阳。"

机不可失，时不再来！

1858 年，拉塞尔设计研制了一架镜片口径 1.21 米的更大的望远镜。这比以前的镜片扩大了一倍。这是世界上第一架用于扫描"原始天空"的大型望远镜。1861~1865 年间，拉塞尔将这架大望远镜带到了马耳他。

在同样的天空下，拉塞尔重新审视了 8 年前观测过的太阳系。这回，太阳系更清晰了。不久，他就有了新的发现：猎户座的星云。在皇家天文学会上，拉塞尔发布了 600 个新星云的目录。同行们只能闭上眼睛，感慨自己什么时候也能有那么多的发现呢。

1860 年代中期，在享受了多年的美景后，拉塞尔回到英国的迈登黑德定居，寻找更清晰的天空，争取更伟大的贡献。历史学家老是纳闷，一个没有正式科学资质的酿酒商，怎么能在国际科学界赢得一流的声誉呢？

拉塞尔为天文学做出了杰出贡献。1849 年，拉塞尔当选为英国皇家学会会员；1858 年，他获得皇家学会金牌、荣誉学位；1860 年，他是利物浦最杰出的公民之一；1870~1872 年间，他担任英国皇家学会会长。

"为人类做贡献！"这是威廉·拉塞尔的座右铭。他有一个做生意的好头脑，更有一个科学奉献的伟大胸怀。在博物馆里，人们能看到很多折叠成几页的大纸，缝在棕色的纸套里。这些纸套上的地址和邮票碎片表明这张牛皮纸是一个信封，许多记录天文观测数据的纸张都是账簿、发票和收据。

1880 年 10 月 5 日，伟大的业余天文爱好者拉塞尔在迈登黑德去世，享年

81 岁。拉塞尔一生都非常节俭，将金钱都奉献给了天文事业。他留下的财产以及许多望远镜，都捐献给了格林尼治皇家天文台。

↑ 猎户座的星云

为了纪念拉塞尔的伟大功绩，月球、火星上各有一个撞击坑以他的名字命名。一个海王星的光环命名为拉塞尔环。拉塞尔为大富翁们做出了榜样，鼓励着一代又一代天文学家进行科技创新和天文发现。拉塞尔说：人生短暂，死不足惜，宇宙和银河系照样光辉璀璨。

↑ 星云：虚无缥缈，多姿多彩

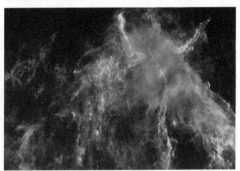

↑ 星云：老恒星的残骸，新恒星的摇篮

 # 7.3 撕裂、苍老

现在，咱们到天王星的卫星逛逛，一定会有许多惊奇。科学家将主要由冰块组成的卫星称为冰球月亮，简称冰月。

天王星漂亮，还带点狡黠。威廉·拉塞尔反复观察，总感觉在天王星的附近有几个黑点。如果乍看一眼，似乎没什么。如果盯住多看一段时间，仿佛有点东西。当再仔细看，好像什么都没有。

这儿距离地球大约 30 亿千米。拉塞尔想看到比针尖还小的卫星，确实不容易。1851 年 10 月 24 日那个静谧的夜晚，他终于看到这两个黑点会移动，并计算出轨道。拉塞尔发现了"天卫-1"阿里尔和"天卫-2"翁布里尔。

1986 年 1 月 24 日，"旅行者-2"号拍摄到"天卫-1"的照片。它直径 1 180 千米，表面温度 -213℃，就是一颗冰月卫星。天王星 5 颗最大的卫星，包括"天卫-1"卫星，其主要由水冰和岩石组成。从"天卫-1"的表面来推断，其似乎是天王星所有卫星中最年轻的。

"天卫-1"几乎没有大的陨石坑，只有许多小的陨石坑。这表明，最近的陨石冲击碰撞，摧毁了更早、更大的陨石坑。在"旅行者-2"号拍摄的"天卫-1"照片中，中间偏左上方上有一个巨大的陨石坑——杨格尔陨石坑，直径达 78 千米，这个陨石坑反射率与钻石几乎一样。据猜测，这可能是一颗死亡的恒星碎片撞击而成。在陨石坑里，可能埋藏着一颗直径几十千米的大钻石。

"天卫-1"很活泼，它最新的地质活动活跃，表面密布断层和峡谷。这些断层和峡谷怎么来的呢？根据分析，"天卫-1"撕裂了大地，形成纵横交错的峡谷，留下了"疤痕"。在"天卫-1"照片的上部，可见最大峡谷——卡琪娜峡谷，长达 600 多千米，深度可能 10 千米。"天卫-1"显得满目疮痍，十分苍老恐怖，令人不寒而栗。

在天王星 5 颗直径大于 450 千米的大卫星中，"天卫-1"拥有最明亮的表面，闪闪发光。这些卫星没有一颗能反射超过三分之一的阳光。这表明它们的表面已经被碳质材料变黑了。当"天卫-1"在太阳下拍照时，它的亮度会急剧增加。当以其他角度拍照时，亮度马上会降低。这表明它的表面是多孔且凹凸不平的。

请在这儿拍照留念吧！这可是宇宙中独一无二的。"天卫-2"翁布里尔是天王星第三大卫星。天王

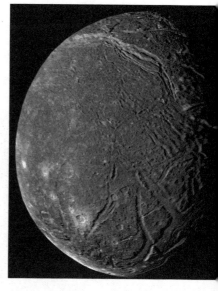

"旅行者-2"号拍摄"天卫-1"的照片：撕裂、苍老，令人不寒而栗

"天卫-1" 的地貌

星的卫星都被天王星的潮汐锁定，永远以同一面朝向天王星。天王星的大卫星几乎都是由冰和岩石混合而成。原来科学家以为"天卫-2"就是一颗平淡无奇的卫星。直至 1986 年 1 月 24 日，"旅行者-2"号飞行到距离"天卫-2"55.7 万千米的地方，拍摄了南半球的冰盖和巨大的陨石坑。当看到照片时，科学家们都惊呆了，你看我，我看你，瞠目结舌："天哪！真不敢相信！一个是年轻漂亮的大美女。一个是苍老丑陋的老太婆。她俩几乎是双胞胎，但差别也太大了。"

"天卫-1"阿里尔和"天卫-2"翁布里尔，这两颗卫星的大小大致相同，但它们的地质面貌却截然不同：在天王星卫星中，"天卫-1"的表面最年轻和最明亮，"天卫-2"的表面最古老和最黑暗。那么为什么"双胞胎"的差别那么大呢？

"天卫-2"的直径大约 1 170 千米，如果论直径，它是天王星的第三大卫星。如果论重量，它是天王星的第四大卫星。"天卫-2"距离天王星 265 980 千米。如果论距离，它是距离天王星第十三近的卫星。

"天卫-2"的结构分为岩石的核心和冰层的冰盖。它的表面主要由冰和岩石组成，所以总是隐约地闪耀白里透红、红里透白的颜色。"天卫-2"的冰盖十分明显，白白的一大片。冰盖意味着"天卫-2"存在水冰，当然也就存在

"天卫-2"南半球冰盖和巨大的陨石坑

天王星卫星几乎都是冰月星球

很多其他的可能性。

为什么"天卫-2"的表面沟壑纵横，惨不忍睹？

科学家猜测"天卫-2"形成后，内部因热膨胀，表层却冷却收缩，引起了地壳强烈的拉伸挤压，导致了撕裂和破裂。这一过程可能持续了大约 2 亿年。这意味着"天卫-2"的内部活动早在数十亿年前就停止了。

"天卫-2"是天王星大卫星中最黑暗的一颗。它只反射表面 16% 的光，所以黑不溜秋，黯淡无光。这一特征与月球的高地地区相似，而天王星其他的卫星要亮得多。"天卫-2"古老的陨石坑表面变暗的过程，仍然是个谜。

如果登上"天卫-2"，满眼都是剧烈起伏的陨石坑地形。它可能从诞生以来就一直保持这副模样。尽管没有地质活动的迹象，"天卫-2"却有着离奇的特征。它有一个明亮的陨石坑——萤光杯，宽约 112 千米。这个大陨石坑深色部分可能是有机物质，浅色部分则无人知道是什么。

从"旅行者-2"号拍摄的照片显示："天卫-2"黑暗的表面上有一个直径约 140 千米的奇怪的明亮圆环。目前，科学家尚不清楚是什么原因形成了这个独特的圆环，推测可能是撞击坑里的霜冻沉积物。

"天卫-2"有一个直径达 210 千米的撞击坑——乌恩达。这是天王星卫星里第二大撞击坑，仅次于"天卫-4"奥伯龙上的撞击坑。最突出的特征是在乌恩达的底部有一圈明亮的物质。科学家猜测："天卫-2"上看起来明亮的东西很多，这可能是水冰，甚至就是水！

🜨 "天卫-2"地壳：内热外冷

🜨 "天卫-2"地壳：撕裂、破裂

# 7.4 在太阳系蹦极

1787 年 1 月 11 日，英国天文学家威廉·赫歇尔发现了"天卫-3"。在威廉·莎士比亚 16 世纪的戏剧《仲夏夜之梦》中，泰坦尼亚是精灵女王，小仙子们的皇后。天文学家以精灵女王的名字泰坦尼亚命名"天卫-3"。

"天卫-3"泰坦尼亚直径 1 610 千米。它是天王星最大的卫星，太阳系第八大卫星。"天卫-3"距离天王星 436 300 千米，轨道周期 8.7 天，自转周期也是 8.7 天，其表面温度-203℃。

如果你在"天卫-3"上过日子，那将很有趣：一年和一天的时间一样长，每天都是过年，相当开心。

在近二百年后的 1986 年 1 月，"旅行者-2"号拍摄了"天卫-3"的照片。"天卫-3"像个大麻脸，布满火山口和陨石坑。过去，它曾发生过火山活动，说明其在地质学上非常活跃。科学家推测："天卫-3"说不定至今还"活"着！

"天卫-3"的表面由火山口地形和延绵数千米的峡谷混合而成。一些火山口已被填没了一半，但痕迹犹在。大约千万年前，"天卫-3"上火山频繁爆发，此起彼落，火山口星罗棋布。当火山喷发，岩浆顺着山坡流淌，一路摧毁一切。火山灰飘飘荡荡，覆满了"天卫-3"的表面。

在"天卫-3"赤道附近有一个最大的峡谷——墨西拿大峡谷，长达 1609 千米长。它将地壳残忍撕开，将"天卫-3"分成两半，走向两个方向。这个大峡谷纵横交错、怪石嶙峋、悬崖突兀，让人感觉仿佛进入魔鬼世界。

那么，到底是什么力量将地壳残忍撕开，将一颗卫星分为两半？科学家猜测：由于"天卫-3"内部的水冻结、膨胀，撑裂了薄弱的冰壳，形成大峡谷。最恐怖的是：这些大峡谷时常刮起飓风、狂风，一路飞沙走石，昏天黑地。科学家很郁闷：为什么会有这么大的风暴？

"天卫-3"的表面被一种黑色物质重新覆盖过，可能是甲烷或水冰。"甲烷或水冰"这是个好消息。科学家报告了一个更好的消息："天卫-3"可能存在液态水海洋。"天卫-3"上到底有没有液态水海洋？请稍微等待一段时间，谜底即将揭开。

1787年1月11日，威廉·赫歇尔发现"天卫-3"和"天卫-4"奥伯龙。19世纪初，赫歇尔的儿子约翰·赫歇尔以莎士比亚《仲夏夜之梦》中的仙女之王——奥伯龙的名字命名"天卫-4"。

这么多年，科学家对这颗卫星知之甚少。1986年1月，"旅行者-2"号飞往太阳系的外面，顺便拜访一下天王星和它的孩子们，时间非常短暂，只有6个小时。若想在距离近30亿千米的太空与天王星和它的孩子们见面，非常难。

"旅行者-2"号来得太早，这些冷冰冰的家伙还没过来；"旅行者-2"

⬆ 墨西拿大峡谷，撕裂"天卫-3"卫星

⬆ 大峡谷的飓风狂风

⬆ "天卫-3"的海洋会是这样吗

号来得太迟，这些家伙已经飞过去了，白跑一趟，更不可能有第二次机会。1月24日，"旅行者-2"号算好时间，恰好天王星和孩子们飞过，又恰好都面向太阳。"旅行者-2"号抓紧时机，赶快拍照。"天卫-4"卫星的秘密才露出了一角。

"天卫-4"奥伯龙的直径大约1 550千米，天王星第二大卫星，太阳系第九大卫星。"天卫-4"距离妈妈天王星大约 58.4 万千米，是天王星五颗大卫星中距离最远的一颗。它已经被天王星的潮汐锁定，永远以同一面朝向天王星。

"天卫-4"的公转周期 13.5 天，自转周期也是 13.5 天。在这儿，过一天与过一年时间一样长。这里最大的问题是：太阳光几乎照不到这儿，天地漆黑一片。这里特别寒冷，哪怕穿上最保暖的羽绒服，不一会儿也会被冻死。

"天卫-4"与天王星的所有大卫星一样，都是一半冰块和一半岩石。它的结构分为核心、地幔和地壳。核心可能是岩石，地幔主要是冰层，地壳主要是冰块和岩石，在内核和地幔之间，可能还存在一层液态水。

⊙ 从"天卫-4"上看天王星

⊙ "天卫-4"的地貌

"天卫-4"表面的一大特点是：陨石坑！

"天卫-4"的表面呈暗红色，布满了小行星和彗星撞击后的陨石坑。"哈姆雷特"陨石撞击坑的直径达到 220 千米。在其东南部有一个最大的撞击坑，直径达 375 千米，在陨石坑中间耸立着一座高达 11 千米的中央山峰。许多陨石坑里又有大大小小的陨石坑，场面十分恐怖和惨烈。

轰、轰、轰！看着这些星罗棋布、密密麻麻的陨石坑，你可以想象在 40 亿年前，大大小小的陨石猛烈轰击的悲壮场面。在大型陨石坑底部有许多黑暗的地方，偶尔露出一点亮光，这很有可能都是撞击出来的冰块。

"天卫-4"表面另一大特点是：大峡谷！

"旅行者-2"号首次拍摄到了"天卫-4"上最大峡谷——莫姆尔峡谷。这个大峡谷长度 537 千米，纵横交错。大峡谷里又穿插着很多小峡谷。据推测，在"天卫-4"演化的早期，内部扩张，冰壳破裂，最终形成大峡谷。

听说，在莫姆尔峡谷的悬崖玩蹦极，10分钟坠不到底。这不稀奇！还有更厉害的！

伟大的科学家总是勤读好学、才华横溢、充满想象力。他们会倾听太空的旋律，描绘星空的画图，闻嗅星球的味道，拼凑宇宙的版图，但成功与失败，往往就差一点点！

在美国德克萨斯州西部高山上，耸立着一座麦克唐纳天文台。1948年2月16日，美国天文学家杰拉德·柯伊伯晃晃悠悠地来到天文台。他是麦克唐纳天文台的第二任台长，工作非常严谨。他发现了太阳系的冰球带，以他的名字命名为"柯伊伯带"。

这天，天文学家们已经检查了一大堆天王星和卫星的照片。柯伊伯最后一次检查这些照片，生怕漏掉一个小黑点和一点机会。他从地上捡起了一张照片，抖了一抖灰尘。在成千上万个小黑点中，柯伊伯偶然发现：这儿不对！这儿好像没有这个小黑点。经过认真比对，柯伊伯认为：这是一颗天王星的新卫星！

柯伊伯命名偶尔发现的这颗卫星为"天卫-5"。它以莎士比亚戏剧《暴风雨》中魔术师的女儿——米兰达命名。这是一颗失而复得、捡回来的卫星。天文学家们问：若想发现一颗星球，比发现上帝还要难。你是怎样发现"天卫-5"的？柯伊伯教授回答道：细节决定成败！成功与失败，就差一点点！认真比成功更重要！

由于"天卫-5"的体积很小，大多数科学家都认为：它是一颗平淡无奇的水冰球。"天卫-5"自45亿年前诞生以来，变化不大。1986年1月24日，"旅行者-2"号在距离29 000千米的高度，飞掠"天卫-5"卫星。它拍摄了"天卫-5"真实和狰狞的面目。当看到"天卫-5"的照片，科学家们吓得手心

柯伊伯教授：成功与失败，就差一点点

冒汗，两眼发直，半天说不上话来。

"天卫-5"米兰达直径480千米，只有月球的七分之一。它距离母亲天王星只有129 900千米，表面温度-213℃，极端寒冷。"天卫-5"是天王星5颗圆形大卫星中最小和最靠近天王星的卫星。

"天卫-5"的轨道周期1.4天，自转周期也是1.4天，也就是说不到一天半就是一天，也是一年。如果在"天卫-5"上过日子的话，生活2~3个月，按地球上的年龄就是60~90岁了，一不小心就一命呜呼了。

"旅行者-2"号的照片显示："天卫-5"就像一个冰球怪物，一颗由冰块和岩石乱七八糟地拼凑而成的星球。它又像一颗浑身伤痕、支离破碎的悲惨星球。你看这儿，真像刀劈斧砍砍去了一大块。你看那儿，像不像大锄头挖掉了一大块。你再看这儿，就如大扫帚扫掉了一大片。

科学家认为："天卫-5"是太阳系中地形地貌最奇特、最多样、最恐怖的星球之一。"天卫-5"的地形地貌异常复杂、神奇多变、雄伟壮丽。它拥有众多的撞击坑、圆形高地、高大山脉、并排沟槽和悬崖峭壁，全都混合在一起了。

"天卫-5"的表面主要由两种截然不同的地形组成。一种是非常古老和巨大陨石坑的地形。40多亿年以来，"天卫-5"一直遭受小行星和彗星的袭击，留下了大量的陨石坑和撞击坑。这些地方一直保留原样，成为珍惜的"化石"地貌，值得好好研究。根据陨石坑的数量，"天卫-5"一些地形的年龄可能还不到1亿年。

另一个是圆形高地和方块高地的地形。这些高地上有明亮条纹和黑暗条纹。毫无疑问，它们是断层边缘和悬崖峭壁。"天卫-5"上的3个圆形高地的模样奇特，这在太阳系中是独一无二的。科学家想不通：为什么会有方块高地、圆形高地？怎么来的？

非常奇怪，"天卫-5"的直径不到500千米，体积非常小。但是，它拥有许多高大山脉，最高的山脉主峰达到24千米，比珠穆朗玛峰高2倍。最奇怪的是：在这颗小小的星球上，分布着许多并排沟槽的地形。一排排一条条，很像扫把扫过的样子。这让人匪夷所思。"天卫-5"上到底发生了什么？

当来到"天卫-5"，首先映入眼帘的是悬崖峭壁。

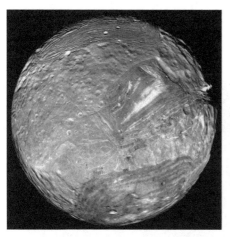

⬆ 1986年1月，"旅行者-2"号拍摄的"天卫-5"

⬆ "天卫-5"——冰月卫星

"天卫-5"的悬崖峭壁，堪称太阳系一绝。这儿的悬崖不是纵横交错、杂乱无章，而是一排一排地排列，或者一圈一圈地旋转。当你进入一排排排列的悬崖，只能往前走或后退，几乎不可能翻越悬崖，进入另一排悬崖。如果你进入一圈圈的悬崖，那就死定了。你仿佛进入迷宫，到处乱转，永远转不出来。

快来看！这是"天卫-5"最大的冰冻悬崖——维罗纳·鲁比悬崖，也是太阳系最高最大的悬崖。它宽达20千米，耸立着成千上万座笔直的悬崖峭壁，深度从5千米到10千米，最深达20千米。

在地球上，美国科罗拉多大峡谷是最大、最深的峡谷，最深2133米。维罗纳·鲁比悬崖的深度几乎是科罗拉多大峡谷的10倍。为什么一颗小星球上会有这么深的悬崖？它可能是在地壳断裂和破裂时，部分地表下沉而形成。

你愿意在太阳系最高的悬崖峭壁上蹦极吗？维罗纳·鲁比的冰冻悬崖不仅是地质奇迹，也是一个蹦极的主题公园。在这儿玩蹦极，与地球上玩蹦极完全不一样。它有多么惊险、刺激呢？有人说：三个字——酷毙了！你可能会说：一个字——爽！

由于"天卫-5"的表面重力加速度只有0.018g，引力很小，坠落会很慢，一切好像慢动作。你可以打扮得像钢铁侠一样，从最高的悬崖上纵身一跃。唰

——, 飞翔、勇气和激情！你大约半个小时才能坠落到悬崖的底部。

这段时间, 你可以欣赏一下怪石嶙峋的悬崖峭壁, 可以体会一下重力加速度的感觉, 也可以思考一下世界观、人生观、价值观和人生的意义。突然, 大地扑面而来。你会像雄鹰一样, 轻轻落地, 再大吼一声: 天下英雄, 舍我其谁!

当你玩过"天卫-5"蹦极, 一定会记住一辈子!

在"天卫-5"上玩蹦极

从太阳系最高的悬崖峭壁上一跃而下

怎样用数学寻找行星？笔尖上的行星是谁呢？科学就是发现事实！科学就是追求真实！科学就是追求真理！看不见，并不代表不存在！看见的，也不一定是真的！塞翁失马，焉知非福。太空探测，什么都有可能！

# 8.1 笔尖上的星球

1609 年，伽利略第一个用望远镜观察天空。1612~1613 年，伽利略用一个小望远镜观测遥远星空时，多次看见一颗毫不起眼的天体。哦！这个小东西很暗淡，一不小心就看不见了。这个小东西经过木星附近时被看到了，但当时并没有人认出它是一颗行星。

1612 年 12 月 28 日，伽利略绘制了第一张星图，将这个小天体记录为一颗恒星。伽利略聪明一世，糊涂一时，错过了一次伟大的发现。谁也想不到，这颗被误以为恒星的神秘天体，就是太阳系的蓝宝石——海王星。

150 多年后，法国天文学家杰罗姆·拉兰德也注意到这颗星球。1769 年，拉兰德知道将出现金星凌日现象。从地球上看，金星从太阳面前走过，称为金星凌日。拉兰德也利用三角测量法，首次测量了太阳到地球的距离，大约 1.5 亿千米。现在，这个距离就是天文学上的长度单位——天文单位。

拉兰德创建了《行星位置表》，记录了海王星的位置，也将它作为一颗恒星。非常遗憾，拉兰德将海王星作为一颗恒星，也错过了一次伟大的发现。

当年，科学家和哲学家们一致认为，太阳系中只有六颗行星：水星、金星、地球、火星、土星、木星。太阳系会不会有第七颗行星？第七颗行星会在哪儿呢？天文学家将太空划分成一片一片的区，一个区一个区地搜索新行星，谁发现，谁就是大功臣！

1781 年，英国天文学家约翰·赫歇尔发现了太阳系的第七颗行星——天王星。他马上成了举世闻名的大功臣！这几乎立刻引起了天文学家的极大热情：太阳系可能还有更多的行星！

太阳系拥有很多颗行星吗？第八颗行星会在哪儿呢？赫歇尔也看见了天边闪烁着狡黠光芒的一颗小星星：它似乎不动，一直在原地踏步，说明它非常遥远。赫歇尔也认为：它不会是第八颗行星，应该是银河系里的一颗恒星。赫歇尔也错过了一次伟大的发现。

"众里寻他千百度。蓦然回首，那人却在，灯火阑珊处。"海王星就是一颗让人梦萦魂绕、牵肠挂肚、众里寻找千百度的行星。阴差阳错，天文学家多次与它擦肩而过。

为了寻找它，天文学家们演绎了一幕幕惊心动魄的喜剧、悲剧和闹剧。

1819 年 6 月 5 日，约翰·亚当斯出生在英国康沃尔郡兰伊斯特的一个贫穷的农民家庭。家里没有一点土地，

第 8 颗行星，你在哪儿

都是租种土地，穷得叮当响，吃了上顿没下顿。在家里 7 个孩子中，老大亚当斯最勤奋、刻苦和懂事，特别喜欢读书。

人穷志不短！从很小的时候起，亚当斯不用纸和笔，在头脑中进行数学计算，每次都很精准，表现出非凡的能力。这让人们都感到惊讶。1836 年，妈妈塔比莎得到了叔叔的一笔小遗产，包括一个小图书馆，其中包括几本天文学书籍。正是这个小图书馆，尤其是天文学书籍，激发了亚当斯的兴趣。

1837 年，由于数学极好，亚当斯一面上高中，一面当家教挣钱，养活自己。1839 年 10 月，亚当斯考入著名的剑桥大学圣约翰学院数学系。他每年都获得第一名和一等奖学金。靠着这些奖学金，亚当斯终于读完大学，但其仍然生活困难，常常挨饿受冻。

据说，在 1843 年的毕业数学考试中，亚当斯获得了全校第一名。如果这是真的，那是一个令人难以置信的成就。他以第一名的成绩毕业，没有读研究

英国数学家、天文学家约翰·亚当斯

生和博士，就被破格录取，直接成为圣约翰学院最年轻的研究员。

亚当斯并没有把所有的时间都花在研究上。上课的时候，他辅导本科生。放学的时间，他到处打工，努力挣钱，帮助弟妹们的教育和成才。他们都很争气，在他的 3 个兄弟中，托马斯·亚当斯成为传教士，乔治·亚当斯当上农业专家，威廉·亚当斯成为伦敦国王学院自然哲学与天文学教授，并被选为皇家学会会员。

为什么天王星的运动飘忽不定呢？在读大学二年级的时候，亚当斯就发现天王星的运行轨道飘忽不定。他就很迷惑：天王星的轨道与

约翰·亚当斯对天文学的态度：热爱、激情和坚持

约翰·亚当斯用数学寻找行星

开普勒定律、牛顿定律不一样。为什么不一样呢？

科学就是发现事实！1841 年 7 月 3 日，亚当斯利用数学进行大量计算后，认为：在天王星的外侧，一定可能还有一颗尚未发现的行星，它在干扰天王星的轨道。亚当斯精确计算出了这颗新行星的距离、轨道、大小、位置等。他推测这颗新行星距离太阳的距离是天王星的 2 倍。

1845 年 9 月中旬，25 岁的亚当斯撰写了有关新行星的计算、距离、轨道、大小和位置图等准确信息的论文。他将论文寄给剑桥天文台台长詹姆斯·查利斯。亚当斯还询问查利斯在哪里可以发现这颗尚未发现的新行星。查利斯相当客气，

给亚当斯回了一封信，让他去找格林尼治皇家天文台天文学家乔治·艾里。

"喂，这里是格林尼治天文台吗？我找乔治·艾里……"10月份，亚当斯曾两次打电话给格林尼治天文台，试图找到艾里，没人理睬。他来到天文台，因为没有预约，没见到艾里，便留下了一些预测新行星位置和数据的资料。艾里收到了这些资料，并给亚当斯发了一封信。

亚当斯感觉，作为一位德高望重的皇家天文学家，艾里问的问题东拉西扯、微不足道，连小学生都不如，所以没有回答。举世闻名的英国格林尼治皇家天文台和剑桥天文台都没有采取任何行动。查利斯和艾里可能嗤之以鼻：哼！一个毛头小伙子，也敢谈论天文？我们一辈子也没发现什么新花头，你还发现了新行星？做梦！太阳系不太可能存在第八颗行星！如果真有这么一颗行星，崇高的荣誉也不能让你这个傻小子拿走啊！我们还在这儿干着急着呢。

当没人理睬亚当斯的时候，一个法国人勒·维里尔也在计算新行星的位置和轨道。

1811年3月11日，奥本·勒·维里尔，生于法国诺曼底的圣洛，家境贫寒。维里尔从小刻苦读书、智慧超群。一天，一个财主痛骂自己的儿子考了0分，却发现儿子的同桌维里尔考了100分。财主乐善好施，慷慨解囊，资助了维里尔的全部读书费用。

1831年，20岁的维里尔毕业于巴黎理工学院，从事化学实验工作。1837年，26岁的维里尔任母校的天文教师，专攻天体力学，编制了《行星星历表》，成就卓著。一天，校长找到维里尔："本来，我想让自己的儿子去巴黎天文台

为什么天王星的运行飘忽不定呢

一定还有一颗尚未发现的行星

工作。现在，我改变主意了！不能耽误你的前程，你去吧！"

　　1845 年，维里尔在巴黎天文台从事天王星轨道理论工作，非常认真严谨，又极富想象力。一天，巴黎天文台台长阿拉果建议："年轻人，你很聪明！你一定知道，天王星的运行轨迹很反常，请你研究一下。这里可能隐藏着重大科学发现。"维里尔很豪爽地答应了。

　　这是一个重大和精确的数学计算题。维里尔利用天王星的 18 次观测资料，运用万有引力定律，求解了 33 个方程。1845 年底，维里尔计算出影响天王星移动的未知行星的轨道和重量。他满怀信心地说："我已经预测了新行星的位置，就在这一带。"

　　巴黎天文台的天文学家花了几个月的时间，寻找新行星，没有结果。"算了吧！我们已经在这个位置扫描观测了无数遍，从来没有发现你所说的新行星。"许多同事开始怀疑维里尔的计算结果。有的同事甚至讽刺挖苦道："维里尔是个卑鄙的小人，故意耍弄忽悠我们。"

　　科学就是追求真实！

　　"什么？找不到？它确实存在啊！我再算一下！"1846 年 8 月 31 日，维里尔改进了计算方法，重新计算出新行星的轨道和重量，并且再次预测了新行星的精确位置，误差不超过 1 度。维里尔坚信自己的信念，对数学充满信心，坚定认为新行星是真实存在的。它就在那儿！

　　真相渐渐清楚了，但步履维艰。因为维里尔的工作在同行中受到了冷遇，不能指望巴黎天文台了。他将一篇新的论文和计算结果，呈送给法国科学院。同时，他还写信给当时拥有较大望远镜的几个天文学家，请求帮助观测。

　　许多天文学家根本不愿、也无法观测那种数学计算出来的行星。所以这一切，都石沉大海，没有了音讯。1846 年 9 月 24 日，维里尔给法国科学院的数学家、天文学家

🔴 法国数学家、天文学家奥本·勒·维里尔

弗朗索瓦·阿拉戈写了一封信："如果你找到了新行星，我就赢了。如果你也找不到新行星，我就惨了，我就真的是个骗子和卑鄙小人了。"

在写这封信的时候，维里尔不知道，正是这一天，一个奇迹发生了。

德国柏林天文台的约翰·伽勒年纪不大，但却是一位非常严谨的天文学家。

1812 年 6 月 9 日，约翰·格弗里恩·伽勒出生于德国萨克森州帕普斯豪斯。1830~1833 年间，伽勒就读于德国柏林的弗里德里希威廉斯大学。他毕业后在古本大学当了老师，在那里教授物理和数学。

1835 年，伽勒转到柏林天文台，担任台长约翰·恩克的助手。在那里，伽勒工作了 16 年。他利用一架 22.5 厘米直径的望远镜，发现了土星的一个内部暗环。1839 年 12 月~1840 年 3 月，伽勒还发现了 3 颗新彗星。1845 年，伽勒获得哲学博士学位。

巴黎天文台：太空寻星，谁发现谁就是大功臣

维里尔：它，就在哪儿

1846 年 9 月 23 日上午，伽勒副台长收到维里尔的一封来信。维里尔希望他寻找一颗未知的行星，并把轨道、大小、重量、坐标等数据一并寄来。伽勒看到这么详细的资料，说干就干！

科学就是追求真理！当天晚上，伽勒和他的学生丹麦天文学家海因里希·路易斯·德拉普一起在浩瀚星空中搜寻新行星。伽勒通过望远镜认真观测，德拉普将观测数据标记到星图上。这是木星！这是土星！这是天王星！这是……再远就很难看清了！

突然，伽勒大喊一声："瞧！这是什么？"伽勒只花了一个小时，就在 52° 处观测到了一颗从未见过的星星。这颗星星距离维里尔预言的位置不到 1 度的位置。德拉普惊呼道："这颗星星不在星图上！"

## 什么是科学？

科学，是专门研究自然、社会和思维的知识体系。

按研究方向，科学主要分为：自然科学、社会科学和思维科学。

按应用方向，科学分为：理论科学、技术科学、应用科学等。

科学拥有6大功能：发现、研究各种现象、规律和变化；大胆设想，小心求证，追求真理；将复杂问题简单化，提高效率；将不可能的变为可能，化腐朽为神奇；让人类开阔眼界，更聪明和更理智；让世界更和谐、光明和幸福。

科学非常严谨，可用6大标准衡量：数字化、精细化、标准化、定量、定性和可重复。

科学，追求真理！平时，常常遇到一个问题：什么是科学的？什么是不科学和伪科学？在这儿教你一招：请用科学的6大标准衡量一下，立马分清。如果一个事物没有数字化、精细化、标准化的，肯定不科学。科学的事物能够定量、定性和可重复。如果不能定量，就不能定性，就不科学。科学的事物可以重复，结果一样。

真理，走遍天下。比如：一份化验单，里面记录了几十项、甚至上百项数据和标准数据，有的数据精细到小数点后的几位数，能定量和定性疾病。如果换几家医院检验，化验结果几乎一样。这就是可重复。由于科学深入人心，那些不科学和伪科学常常打着科学的旗号行骗。你能识别吗？

🔊 德国天文学家约翰·伽勒

约翰·伽勒，一年到头板着脸，不苟言笑。现在，他高兴地跳起来，大喊："我们发现了一颗新行星。它绝对是一颗行星。"这真是踏破铁鞋无觅处，得来全不费工夫。他俩马上像绑架一样将台长从床上拉起来，扔掉假发，一溜烟来到望远镜旁：你看！一颗新行星！它正在闪烁着眼睛，向我们微笑。台长光着大脑袋，哈哈大笑：伽勒，我要将台长的位置让给你了。快！通知报社，发布消息！

# 8.2 蓝宝石星球

1846 年 9 月 24 日一大早，德国柏林天文台向全世界宣布：天文学家发现了一颗新行星——太阳系第八颗行星。这颗新行星是由法国天文学家勒·维里尔通过数学精确计算出轨道、大小和位置，是德国柏林天文台天文学家约翰·伽勒发现、确认和进行的定位。伽勒做到了天文观测的数字化、精细化、标准化、定量、定性和可重复，非常科学。

什么？太阳系第八颗行星找到了？不久，巴黎天文台勒·维里尔、俄罗斯圣彼得堡附近的普尔科沃天文台奥托斯特鲁夫、英格兰天文台约翰·拉塞尔和詹姆斯·查利斯，还有梵蒂冈的天文学家安吉洛·塞奇神父等全世界许多天文台和天文学家都观测到了新行星。

太阳系的第八颗行星，叫什么名字呢？天文学家推荐了几个名字：天门神星、海神星、海王星。法国天文台提出太阳系的第八颗行星是法国天文学家勒·维里尔算出来的，应该将新行星命名为维里尔星，而维里尔则建议将第八颗行星称为海王星。

天文学家一般选择古罗马、古希腊神话中神仙的名字命名行星。经过激烈的讨论，最终以罗马神话中的海神尼普顿的名字，将第八颗行星命名为——海王星。

当发现海王星后，伽勒立刻写信给维里尔，告诉了他这个好消息。海王星的发现将太阳系的版图又扩大了

🔭 太阳系还真存在第 8 颗行星

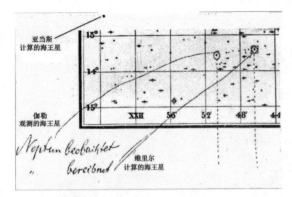

伽勒在《天体时刻二十一》中描述计算的海王星与观测的海王星

1 倍。伽勒在星图里指明了勒·维里尔预言的新行星位置和他观察到的新行星的位置，也指明了亚当斯计算的新行星的位置。

这时，又一个好消息传来！1846年 10 月 10 日，在海王星发现 17 天后，德国天文学家拉塞尔在柏林天文台观测新行星——海王星时，发现了海王星最大的卫星——"海卫-1"。海王星激发了地球人又一波太空观测热潮。

人类发现太阳系第八颗行星——海王星。这是人类太空观测的巨大成就，也是天文学的一座伟大里程碑。

海王星和天王星一样，距离地球太遥远，肉眼根本看不到，这是用笔尖发现的新行星。海王星的发现，令人震惊地证实了牛顿的引力定律，肯定了牛顿万有引力定律的正确性，对天体力学进行了戏剧性的验证。

海王星，拥有多大的魅力？

英国数学家约翰·亚当斯是第一个预测海王星存在的科学家。那一年，亚当斯才 25 岁。1892 年 1 月 21 日，约翰·亚当斯在剑桥天文台去世，终年 72 岁。亚当斯被埋葬在剑桥圣吉尔斯公墓一座 21 米高的花岗岩十字架下。在去世 3 年后，威斯敏斯特教堂为亚当斯建立了一块纪念碑。纪念碑上没有一个字，但镌刻着一颗闪耀光辉的行星——海王星。这块纪念碑的旁边，还矗立着一块英国数学家牛顿爵士的纪念碑。之后，一个月球陨石坑以约翰·亚当斯的名字命名。

1877 年 9 月 23 日，法国天文学家勒·维里尔去世了。为了纪念勒·维里尔，他的名字和 72 位法国科学家与工程师被一起镌刻在高高的埃菲尔铁塔上。月球和火星上各有一个撞击坑以他的名字命名。此外，海王星的一个光环和小行星 1997 号也是以他的名字命名。

1910 年 7 月 10 日，伟大的天文学家约翰·伽勒，在德国波茨坦去世，享年 98 岁。为了纪念伟大的天文学家约翰·伽勒，月球、火星上的陨石坑、海王星的一个光环和一颗小行星都以伽勒的名字命名。

科学家发现海王星及其卫星后 140 年来，因为海王星太远了，一般望远镜看不清楚，所以人们对海王星的情况不甚明了。

1983 年，美国宇航局"先驱者–10"号探测器穿越海王星轨道。它成为第一个超越太阳系行星轨道的太空探测器。当年，它匆匆忙忙赶路，并未看清海王星的情况，所以科学家对海王星的情况，还是两眼一抹黑。

1989 年 8 月 25 日，"旅行者–2"号探测器成为第一颗，也是唯一一颗近距离研究海王星的太空探测器。"旅行者–2"号拍摄了海王星、海王星卫星的第一张特写照片，发回了科学数据和信息。它证实：这个巨大的气体行星，也有微弱的光环。海王星的情况才慢慢清晰起来。

为了看清楚海王星，科学家们提议：咱们可以利用太空望远镜看看海王星啊！这是个好主意！ 1990 年 4 月 24 日，"哈勃"太空望远镜升空。科学家们终于利用"哈勃"太空望远镜的视力，观测了海王星，获得了很多信息。

原来，天文台的望远镜都看不清海王星。现在，科技发达了，地球上各种强大的望远镜都可以观测到这颗遥远的行星，得到更多信息。科技，让海王星远在天边，近在眼前。

行星，分为石质星球、气态星球和冰质星球。

⬆ 法国数学家、天文学家奥本·勒·维里尔的雕像

⬆ 海王星：八大行星之一

海王星，一颗在黑暗、寒冷和超音速风暴鞭打下的冰冻大气球，号称冰球巨星。

大约 45 亿年前，太阳系的各大星球慢慢形成之时，海王星也诞生了。

当时，重力将旋涡状的气体、尘埃和冰岩吸进海王星，形成了这个冰球巨星。它与邻居天王星一样，在大约 40 亿年前靠近太阳，慢慢形成一颗星球。

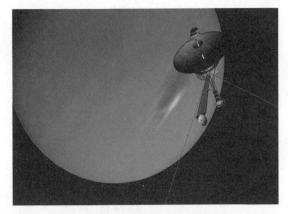

"旅行者-2"号星际探测器

后来，不知什么原因，海王星渐渐移动到太阳系的外面。

海王星，是太阳系最外层的行星。它直径 4.95 万千米，大约是地球的 4 倍，是太阳系中的第四大行星。如果地球是一个大苹果，海王星就是一个篮球。它的质量很大，大约为地球的 17 倍，体积是地球的 72 倍。海王星的密度大约是水的 1.7 倍。在巨型行星中，海王星是密度最大的。

海王星是太阳系最外层的行星，也是距离太阳最远的行星。它距离太阳大约 45 亿千米，大约 30 个天文单位，差不多是地球到太阳的 30 倍。一个天文单位是从太阳到地球的距离，1.5 亿千米。从这段距离看，太阳光从太阳照射到海王星需要 4 个小时。

海王星是太阳系中唯一肉眼看不到的行星。

海王星有 3 个特点：长年、短日、大季。

海王星的轨道周期，也就是环绕太阳的时间为 60 190 个地球日，差不多 165 个地球年。这就是说，差不多 165 个地球年，海王星才环绕太阳一圈，也就是一个海王星年。2011 年，海王星围绕太阳运行了 165 年。就是从它被发现以来，才环绕太阳运转了一圈。

海王星：起源于太阳附近的星云

海王星诞生了：太阳系的气体和尘埃，45 亿岁了

海王星的自转周期，也就是海王星的一天，只要 16 小时多一点。海王星自转速度很快，日子就很短了。地球上才大半天，海王星上已经过完一天。在海王星上，你一定会惊声尖叫：人生苦短！海王星的直径比地球大约 4 倍，自转速度至少比地球快 4 倍。在海王星上，你会转得晕头转向，找不到北。

海王星：距离太阳最远的行星

海王星的极轴倾斜了约 28°。这与地球、火星的倾斜角度差不多。这意味着海王星也会经历一年四季。这与我们在地球上经历的一样。由于它的一年相当于 165 个地球年，因此，每一个季节都超过了 40 年。

这么漫长的季节，怎么度过呢？海王星一定是太阳系的最佳旅游胜地。在这里，你可以花 40 年时间品尝春天的气息，再花 40 年时间欣赏秋日的长天。如果你想多享受一下"落霞与孤鹜齐飞，秋水共长天一色"的美景，那就到海王星。

如果你想看看最短暂的朝霞和晚霞，也到海王星。在这里，你会看见日出的朝霞初露乍现，快速消失；日落的夕阳回光返照，瞬间落下。当你要度过 40 年的冬天和 40 年的夏天时，一定会整夜睡不着觉，精神几近崩溃。

海王星是太阳系外层的两个冰冻巨人之一，另一个是天王星。

天王星很漂亮，是一种绿蓝色的颜色。而海王星拥有一个更生动、更明亮、更强烈的蔚蓝色。为什么海王星的蓝色更鲜艳呢？海王星的大气主要由氢、氦和甲烷组成。大气中的甲烷吸收来自太阳的红光，反射其他太阳光回太空。这使得海王星看起来是一颗可爱的蔚蓝色星球。

海王星与天王星非常相似。海王星分为核心、冰盖、大气。核心很可

海王星：长年、短日、大季

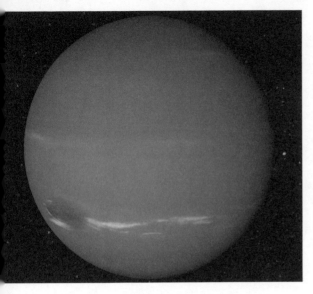

海王星：蔚蓝色星球

能是金属，外面包裹着一层岩石。因为海王星释放的热量，比从太阳接收的热量要多，科学家猜测海王星内部能量较大。

冰盖主要由冰和岩石组成。这是一层"冰"水、氨和甲烷的冰盖。下面流淌着高热、稠密的流体浓汤。然而，这种"冰"水不是液体。由于海王星上方云层的高气压，它高度压缩，几乎变成了固态冰，这是一种地球上不存在的固态冰。

大气层的云层主要成分为氢、氦和甲烷，混合在一起后就是难闻的毒气。它形成厚厚一层冷云，延伸到很深的地方。这一层冷云非常冷，表面温度为−201℃。海王星没有固体表面，它的气候非常活跃。

科学家们认为，在海王星的冷云下面，可能有一个沸腾热水的超级海洋。它不会蒸发掉，因为极高的压力会把沸腾热水的超级海洋锁在里面。在厚厚的大气层下，沸腾热水的超级海洋大约是整个地球重量的 3 倍，相当于地球体积的 10 倍。

这真是一个超级热水海洋！

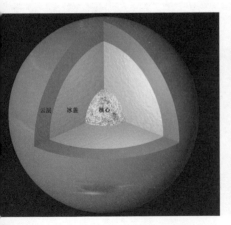

海王星的内部结构

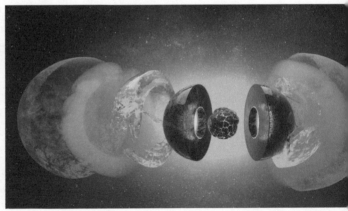

海王星：核心、岩石层、冰盖和大气层

# 8.3 海王星神

在太阳系中，哪儿的风暴最猛烈？

你也许会猜木星。不！尽管海王星距离遥远，来自太阳的热量也很低，但是它的风速最大，吹遍整个海王星。从表面上看，海王星很文静和优雅。其实，它是一颗每时每刻风暴肆虐的星球，环境非常恐怖和残酷。

1989 年 8 月 25 日，"旅行者-2"号飞越海王星。它已经飞了 12 年，跨越了 45 亿千米，飞掠过火星、木星、土星、天王星和小行星带，见多识广。当见到海王星以后，"旅行者-2"号也惊呆了，它获得了很多闻所未闻的信息。

海王星有一个难以置信的厚厚的大气层，包括 74% 的氢气，24.5% 的氦气和大约 1% 的甲烷。它的大气中还含有冰云和太阳系中记录的最快风暴。一团一团的碳氢化合物形成烟雾，出现在海王星的整个上层大气中。碳氢化合物的雪花在海王星的大气中融化，飘飘洒洒降落表面，一派万里雪飘、漫天飞舞的景象。

海王星狂吹着太阳系最猛烈的风暴。海王星的风暴比木星风暴强 3 倍，比地球的飓风强 9 倍。地球上最强大的风暴也只有每小时 400 千米。海王星的狂风以超过 2 000 千米时速，鞭打着海王星上的冰冻甲烷云。冰冻甲烷云乌烟瘴气，横行霸道，席卷整个海王星。

1993 年，"哈勃"太空望远镜测量了海王星的风暴速度。这次测量到太阳系最快风速，达到每小时 3500 千米。这个速度是超音速战机的 2 倍。唰——，10 多个小时就可以环绕地球一圈！当然，如果按照这个速度，一般的超音速战机已经散架了。吓人吗？

太阳系最猛烈的风暴到底什么样呢？。

为了看看太阳系最猛烈的风暴，美国宇航局太空科学实验室和喷气推进实验室，指挥"旅行者-2"号准备飞越海王星，用高清摄像机拍摄一些最猛烈风暴的照片。

1989 年 8 月 25 日，在距离海王星最近点 2 小时前，"旅行者-2"号飞到海王星向阳的一面。从这儿拍摄风暴，最清晰了。咔嚓、咔嚓、咔嚓！"旅行者-2"号拍摄了大量高清彩色图像。

海王星，整个星球就是一个大风暴。有的风暴速度极快，将明亮的云层拉扯成条纹，变成很多风暴。有的风暴上下起伏，忽而垂直向上，一鸣冲天；忽而俯冲向下，一插到底。有的风暴，一面盘旋扩大，一面呼啸移动，形成极大的圆形风暴。

"旅行者-2"号拍摄了一张条纹状的风暴照片。这次条纹状风暴，又分为很多小条纹状风暴。科学家不算不知道，一算吓一跳：这短短一段条纹状的风暴，长度竟达到 157 000 千米。这些条纹状风暴的宽度从 50 千米到 200 千米，风暴阴影宽度从 30 千米到 50 千米。风暴云层的高度大约 50 千米。

海王星大气：主要由氢、氦和甲烷组成

海王星：太阳系最猛烈的风暴

地球赤道周长大约 4 万千米。这一段风暴的长度竟可以环绕地球赤道 4 圈。整个大风暴的长度到底多长呢？

在太阳系中，谁变脸最快？

海王星的风暴最大，变脸最快。

1989 年 8 月 25 日，"旅行者-2"号勇闯冰球怪星。它在海王星的南半球，首次发现了一个椭圆形、黑蓝色的"大眼睛"——大黑斑。海王星的大黑斑外观与木星的大红斑很相似。最初，科学家认为：大黑斑是一种大型的云层，后来证明是巨大风暴的风眼。

冰冻甲烷云席卷整个海王星

大黑斑，是一种圆形、椭圆形的反气旋风暴。这种风暴一面快速旋转，慢慢移动；一面裹挟周边的氢气、氦气、甲烷、冰云、烟雾和雪花，形成圆形、椭圆形风暴。

大黑斑很大，足以装下整个地球。这个巨大的旋转风暴，风速高达每小时2 000千米。这是太阳系各大行星中记录的最强风暴和最快风速。科学家摇摇头，百思不得其解：如此强大的风暴是如何在远离太阳的行星上横行？

科学家发现：海王星不但有大黑斑，还有小黑斑。它们经常变化形状、颜色和大小，变化很大。它们的寿命

海王星的条纹状风暴

似乎很短，每隔几年左右就会形成并消散一次。大黑斑、小黑斑，至今仍是一个谜。这引起全世界科学家的兴趣。

1994年，"哈勃"太空望远镜想再看看大黑斑。想不到，那个奇异的大黑斑，已经销声匿迹了，完全消失了。请你再看清楚？大黑斑是不是真的没了？"哈勃"报告：我看了好多次了，大黑斑真的没了。

咦！真奇怪！科学家惊呆了：海王星的大气变化非常迅速。一个地球般大小的大风暴，竟在5年内诞生和消失，太快了！"哈勃"也有惊喜发现：在海王星的北半球出现了新的风暴——小黑斑。

它会演变成一个大黑斑吗？新的太空探测器将解开这个谜团！

海王星距离太阳太远了，就会发生各种意想不到的奇迹。

地球上，阳光充沛和明亮。在地球上看到的太阳光，大约是海王星上太阳光的900倍。当海王星正午的时候，最明亮的阳光照在这颗蓝色大行星上，就像地球上的昏暗暮色，朦朦胧胧，好像快到晚上。

1846年10月3日，在发现海王星后10天，英国天文学家拉塞尔也兴高

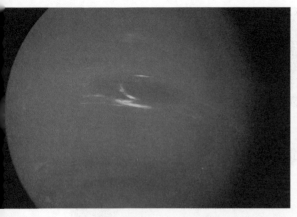
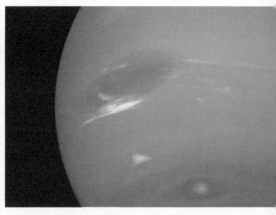

⬆ "旅行者-2"号拍摄：大黑斑　　　　⬆ "旅行者-2"号拍摄：大黑斑和小黑斑

采烈地观测海王星。他凭借强大的望远镜，模模糊糊地仿佛看见一圈发光的东西。拉塞尔报告：非常奇怪！海王星好像有一个光环。

尽管过了一个星期，拉塞尔发现了海王星的最大卫星——"海卫-1"，他还是哈哈大笑：这怎么可能呢？我的望远镜绝不可能看见45亿千米外面的一个光环，一定是望远镜造成的扭曲。

因为太阴暗和太微弱，许多科学家认为：海王星没有光环。

当"旅行者-2"号飞越海王星，惊奇地发现：天哪！这儿真有光环，非常暗淡的光环。海王星共有6圈微弱的光环。它的光环狭窄、暗淡、细薄，比天王星光环细小得多。海王星也有光环，让科学家匪夷所思起来。

海王星拥有光环，还有奇特的尘埃团，中间还有4条很奇怪的环缝。为了纪念为发现海王星做出重大贡献的6位科学家，6圈光环从内向外，分别命名为：维里尔、伽勒、亚当斯、莱弗瑞、拉塞尔和阿拉戈。为了赞扬人类崇高精神，科学家将4条环缝分别命名为：自由、民主、平等和博爱。

由于木星光环、土星光环主要由

⬆ 海王星也有狭窄、暗淡、细薄的光环

⬆ 海王星与它的卫星——"海卫-1"

冰块组成，看起来非常明亮，开始科学家以为：海王星的光环也是由冰块组成。后来，科学家才发现：海王星的光环是由细微的冰颗粒、尘埃颗粒组成。这些光环可能还被一层碳基物质覆盖。海王星光环距离太阳太远了，没有阳光照射，所以非常暗淡。

↑ 4条环缝：自由、平等、博爱和勇气

这些光环怎么来的呢？

开始，科学家以为木星光环、土星光环的冰块来自太空，海王星光环的冰颗粒、尘埃颗粒也来自太空。后来，科学家分析认为：在很久很久以前，一些微小的陨石猛烈撞击海王星的卫星。这些卫星都是太空中的尘埃和冰粒组成的，经不起撞击。当撞击后，卫星就粉碎了，灰尘微粒散布在海王星周围，形成光环。

海王星光环让科学家明白一个道理：看不见，并不代表不存在！看见的，也不一定是真的！

科学就是追求真理！

## 海王星主要数据

| | | |
|---|---|---|
| **轨道特性** | 远日点 | 455 395 万千米，大约 30.441 天文单位 |
| | 近日点 | 445 294 万千米，大约 29.766 天文单位 |
| | 半长轴 | 450 344 万千米，大约 30.104 天文单位 |
| | 偏心率 | 0.011 |
| | 公转周期 | 60 190 个地球日，约 165 个地球年 |
| | 公转会合周期 | 367.49 个地球日 |
| | 轨道速度 | 5.43 千米/秒 |
| | 卫星 | 14 颗 |
| **物理特性** | 赤道半径 | 24 764 千米，相当于 3.883 个地球赤道半径 |
| | 极地半径 | 24 341 千米，相当于 3.829 个地球极地半径 |
| | 面积 | $7.618×10^9$ 平方千米，相当于 14.98 个地球面积 |

| 物理特性 | 体积 | 6.254×10¹³ 立方千米,相当于 57.74 个地球体积 |
|---|---|---|
| | 质量 | 1.024 3×10²⁶ 千克,相当于 17.15 个地球质量 |
| | 平均密度 | 1.638 克/立方厘米 |
| | 逃逸速度 | 23.5 千米/秒 |
| | 赤道旋转速度 | 9660 千米/小时,2.68 千米/秒, |
| | 表面温度 | 最高−201℃,最低−217℃ |
| | 极轴倾角 | 约 28° |
| 大气成分 | 氢 | 74% |
| | 氦 | 24.5% |
| | 甲烷 | 约 1.48% |
| | 氢氘 | 0.019% |
| | 乙烷 | 0.00015% |
| | 冰 | 由氨、水、硫化氢铵,可能还有甲烷冰等组成 |

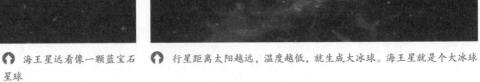

⬆ 海王星远看像一颗蓝宝石星球

⬆ 行星距离太阳越远,温度越低,就生成大冰球。海王星就是个大冰球